高等职业教育计算机类专业"十二五"规划教材

Internet 应用教程

主　编　陈国浪

副主编　冯云华

参　编　倪　宁　刘向华　潘　攀　应　武

主　审　李永平

国防工业出版社

·北京·

内 容 简 介

本书从应用的角度出发,突出操作能力的培养。内容包括与人们平时学习、工作、生活息息相关的 Internet 典型应用,采用项目式体例进行编排,每个项目均包含项目应用背景、预备知识、项目实施方法与过程、总结与深化、实践与体会等栏目。全书内容讲解清晰,项目具体,任务明确,力求在最短的时间内,以最简单的方式帮助读者轻轻松松掌握 Internet 应用。

本书既可作为高等职业院校非计算机类专业的教材,也可作为职业培训用书,还可作为广大计算机网络初学者的自学用书。

图书在版编目(CIP)数据

Internet 应用教程/陈国浪主编. —北京:国防工业出版社,2010.8
ISBN 978-7-118-06970-9

Ⅰ.①I... Ⅱ.①陈... Ⅲ.①因特网－教材
Ⅳ.①TP393.4

中国版本图书馆 CIP 数据核字(2010)第 146358 号

※

*国防工业出版社*出版发行
(北京市海淀区紫竹院南路 23 号 邮政编码 100048)
北京奥鑫印刷厂印刷
新华书店经售

*

开本 787×1092 1/16 印张 14¾ 字数 336 千字
2010 年 8 月第 1 版第 1 次印刷 印数 1—4000 册 定价 26.00 元

(本书如有印装错误,我社负责调换)

国防书店:(010)68428422 发行邮购:(010)68414474
发行传真:(010)68411535 发行业务:(010)68472764

前　言

当前,Internet 构成了地球上最庞大的信息网络,它改变了人们的生活、学习、工作乃至思维方式,并对科学、技术、政治、经济乃至整个社会产生了巨大的影响。本书是为网络初学者编写的,目的是帮助读者快速了解 Internet 相关知识,掌握 Internet 上网技巧,学会使用 Internet。

全书从应用的角度出发,突出操作能力的培养。在内容上,充分考虑高等职业教育的特点,以理论够用为度,重点加强实践与应用环节;在结构上,以项目为主线,采用任务驱动,在具体项目中学习基础理论,在实训任务中理解理论。用通俗易懂的语言和大量直观的插图,从理论到实践,从预备知识到理论深化,前后呼应、有机地进行讲解和描述,以便于读者理解和掌握。

全书包括 15 个项目,每一个项目包含若干任务,从最基本的将计算机接入网络开始讲起,依次介绍了网络信息搜集、网络资料下载、电子邮件、网络即时通信等 Internet 基本应用,同时介绍了网上旅行预订、自助学习、网上购物、网上开店、网上银行、网上招聘与求职、企业网络推广、博客、网上休闲娱乐及远程协助等与人们生活、工作直接相关的 Internet 应用。每个项目均包含项目应用背景、预备知识、项目实施方法与过程、总结与深化、实践与体会等栏目,其中"项目应用背景"介绍本项目应用的现状、前景及要求掌握的相关操作;"预备知识"交代项目所涉及的理论基础和基本操作技能;"项目实施方法与过程"部分以实训任务的形式叙述一般操作步骤,并以实例说明实际应用中的具体操作,较详细地列举所能达到的功能;"总结与深化"介绍操作要点,以及与项目相关的理论知识和操作技能;"实践与体会"则是为了增强读者的理解与记忆,配备围绕项目内容的课后习题和操作案例。

本书由陈国浪担任主编,冯云华担任副主编,其中项目一、四、五由陈国浪编写,项目二、十三、十四由冯云华编写,项目三、七由刘向华编写,项目六、八由倪宁编写,项目九、十由应武编写,项目十一、十二、十五由潘攀编写。参加本书编写的人员均为一线教师,在教学方面积累了丰富的经验。全书由温州职业技术学院李永平主任担任主审,他对本书提出了很多宝贵的意见与建议,在此表示感谢。

由于编者水平有限,编写时间仓促,加之 Internet 技术发展迅速,书中难免会有不妥之处,恳请读者和同行批评指正。如有问题请与吴飞编辑联系:wufei43@126.com。

编　者

目　录

项目一　上网初步 ……………………………………………………………………… 1

【项目应用背景】 …………………………………………………………………… 1
【预备知识】 ………………………………………………………………………… 1
【项目实施方法与过程】 …………………………………………………………… 8
任务一：通过 ADSL 接入 Internet ……………………………………………… 8
任务二：通过浏览器初识 Internet ……………………………………………… 11
【总结与深化】 ……………………………………………………………………… 13
【实践与体会】 ……………………………………………………………………… 14

项目二　网络信息搜索 ……………………………………………………………… 16

【项目应用背景】 …………………………………………………………………… 16
【预备知识】 ………………………………………………………………………… 16
【项目实施方法与过程】 …………………………………………………………… 17
任务一：浏览器的设置 …………………………………………………………… 17
任务二：信息搜索 ………………………………………………………………… 20
任务三：使用收藏夹 ……………………………………………………………… 25
任务四：保存网页 ………………………………………………………………… 29
任务五：RSS 资讯订阅 …………………………………………………………… 30
【总结与深化】 ……………………………………………………………………… 38
【实践与体会】 ……………………………………………………………………… 40

项目三　网络资源下载 ……………………………………………………………… 41

【项目应用背景】 …………………………………………………………………… 41
【预备知识】 ………………………………………………………………………… 41
【项目实施方法与过程】 …………………………………………………………… 42
任务一：使用 HTTP 下载 ………………………………………………………… 42
任务二：使用迅雷下载 …………………………………………………………… 44
任务三：使用 CuteFTP 下载 …………………………………………………… 46
【总结与深化】 ……………………………………………………………………… 52
【实践与体会】 ……………………………………………………………………… 54

项目四　收发电子邮件 ··· 56

【项目应用背景】 ··· 56

【预备知识】 ··· 56

【项目实施方法与过程】 ··· 57

任务一：申请电子邮箱 ··· 57

任务二：通过 Web 方式使用电子邮箱 ························· 59

任务三：通过 Outlook Express 发送电子邮件 ················ 60

【总结与深化】 ··· 67

【实践与体会】 ··· 72

项目五　网络即时通信 ··· 73

【项目应用背景】 ··· 73

【预备知识】 ··· 73

【项目实施方法与过程】 ··· 76

任务一：Skype 使用 ··· 76

任务二：MSN 使用 ··· 82

任务三：QQ 使用 ··· 85

【总结与深化】 ··· 85

【实践与体会】 ··· 87

项目六　旅行预订 ··· 88

【项目应用背景】 ··· 88

【预备知识】 ··· 88

【项目实施方法与过程】 ··· 90

任务一：交通预订 ··· 90

任务二：酒店预订 ··· 93

任务三：景点门票预订 ··· 96

【总结与深化】 ··· 99

【实践与体会】 ··· 104

项目七　网上自助学习 ··· 105

【项目应用背景】 ··· 105

【预备知识】 ··· 105

【项目实施方法与过程】 ··· 106

任务一：在线阅读 ··· 106

任务二：在线学习资源获取 ······································· 109

任务三:网络教育 ·· 112

【总结与深化】 ·· 117

【实践与体会】 ·· 119

项目八　网上购物 ·· 120

【项目应用背景】 ·· 120

【预备知识】 ·· 120

【项目实施方法与过程】 ·· 121

任务一:注册购物网站会员 ·· 121

任务二:在淘宝网上选购商品 ·· 125

【总结与深化】 ·· 131

【实践与体会】 ·· 139

项目九　网上银行 ·· 140

【项目应用背景】 ·· 140

【预备知识】 ·· 140

【项目实施方法与过程】 ·· 141

任务一:开通网上银行 ·· 141

任务二:使用网上银行 ·· 145

【总结与深化】 ·· 145

【实践与体会】 ·· 146

项目十　网上开店 ·· 147

【项目应用背景】 ·· 147

【预备知识】 ·· 147

【项目实施方法与过程】 ·· 147

任务:注册激活淘宝账户 ·· 147

【总结与深化】 ·· 161

【实践与体会】 ·· 163

项目十一　企业网络推广 ·· 164

【项目应用背景】 ·· 164

【预备知识】 ·· 164

【项目实施方法与过程】 ·· 165

任务一:商务网站推广 ·· 165

任务二:邮件推广 ·· 170

【总结与深化】 ·· 171

【实践与体会】 ·································· 173

项目十二　网络招聘与求职 ·················· 175

【项目应用背景】 ······························ 175

【预备知识】 ································· 175

【项目实施方法与过程】 ·················· 176

任务一：注册企业用户 ······················ 176

任务二：发布招聘信息 ······················ 178

任务三：发布求职信息 ······················ 178

【总结与深化】 ····························· 183

【实践与体会】 ····························· 186

项目十三　博客 ·························· 187

【项目应用背景】 ···························· 187

【预备知识】 ······························· 187

【项目实施方法与过程】 ·················· 188

任务一：浏览博客 ·························· 188

任务二：开通自己的博客 ···················· 190

任务三：开通微博 ·························· 196

任务四：开通腾讯 QQ 空间 ·················· 197

【总结与深化】 ····························· 202

【实践与体会】 ····························· 203

项目十四　网上休闲娱乐 ·················· 205

【项目应用背景】 ···························· 205

【预备知识】 ······························· 205

【项目实施方法与过程】 ·················· 206

任务一：在线听广播 ························ 206

任务二：收看影视 ·························· 208

任务三：在线网络游戏 ······················ 209

【总结与深化】 ····························· 212

【实践与体会】 ····························· 213

项目十五　远程协助 ······················ 214

【项目应用背景】 ···························· 214

【预备知识】 ······························· 214

【项目实施方法与过程】 ·················· 215

　　　任务一：Windows XP 远程桌面 ································ 215

　　　任务二：Windows XP 的远程协助 ···························· 218

　　　任务三：通过 QQ 建立远程协助 ···························· 223

　　【总结与深化】 ·· 225

　　【实践与体会】 ·· 226

参考文献 ·· 227

项目一　上网初步

【项目应用背景】

从实际应用角度出发，很多人都认为自己已经知道了什么是Internet，但如果希望能够更轻松自如地利用它，让它为我们的生活、学习带来更多方便，就需要进一步地了解和学习Internet各方面的知识。

使用Internet，并不需要去深入理解Internet运作的技术细节，但是有必要知道Internet的基本常识、主要功能等。通过本项目的学习，可以回答如下问题：

1. 什么是Internet？
2. Internet的起源，今后的发展如何？
3. Internet的主要应用有哪些？
4. 如何才能让自己的计算机接入Internet？

【预备知识】

1. Internet 概述

Internet是一个以TCP/IP连接各个国家和地区计算机网络（包括各种局域网和广域网）的数据通信网，它将数万个计算机网络、数千万台主机互连在一起，形成的一个世界上覆盖面最广、规模最大的计算机网络。从信息资源的角度来说，Internet是一个集各个部门和领域的信息资源为一体的，供网络用户共享的信息资源网。Internet的中文译名为因特网，它起源于1969年美国国防部下属的高级研究计划局所开发的军用实验网络——Arpanet，最初只连接位于不同地区的四台计算机。

1980年，用于异构网络互连的TCP/IP研制成功，并投入正式使用。于是所有采用TCP/IP的计算机都可加入Internet，实现信息共享和相互通信，这为Internet的发展奠定了基础。

1985年，美国国家科学基金会（National Science Foundation，NSF）提供巨资建造了全美五大超级计算中心。为了使全国的科学家、工程师能共享这类超级计算设施，NSF首先在全国建立按地区划分的计算机广域网，然后将这些广域网与超级计算中心相连，最后再将各超级计算中心互连起来。1990年，它全面取代Arpanet，成为Internet当时的主干网。

20世纪80年代以来，由于Internet在美国获得迅速发展和巨大成功，全世界其他国家和地区，也都在80年代以后先后建立了各自的Internet骨干网，并与美国的Internet相连，形成了今天连接上百万个网络、拥有几亿个网络用户的庞大的国际互联网，使Internet真正成为全球性的网络。随着规模的不断扩大，Internet向全世界提供的信息资源和服务也越来越丰富，由最初的文件传输、电子邮件收发等发展成包括信息浏览、文件查找、图形化信息服务等的载体，所涉及的领域包括政治、军事、经济、新闻、广告、艺术等。尤其是万维网（World Wide Web，WWW）的出现，更使Internet成为全球最大的、开放的、由众多网络相互连接而成的计算机互联网，终于发展演变成今天成熟的Internet。Internet的出现与发展，极大地推动了全球由工业化向信息化的转变，成了一个信息化社会的缩影。

Internet在中国的发展可以追溯到1986年，当时，中国科学院等科研单位通过长途电话拨号到欧洲国家，进行国际联机数据库检索，这可以说是我国使用Internet的开始。1993年3月，中国科学院高能物理研究所为了支持国外科学家使用北京正负电子对撞机做高能物理实验，开通了一条64kb/s国际数据信道，连接高能物理研究和美国斯坦福线性加速器中心（SLAC）。

1994年4月，中国科学院计算机网络信息中心（CNIC，CAS）通过64kb/s国际线路连到美国，开通路由器，正式接入Internet。1995年5月，中国公用计算机互联网（Chinanet）开始向公众提供Internet服务，此时才真正标志着Internet进入中国。

自1994年初我国正式加入Internet，成为Internet的第71个成员单位以来，入网用户数量增长很快。目前，我国已经建成了国内互联网，已建成和正在建设中的骨干网络包括中国公用计算机互联网、中国教育与科研计算机网（CERnet）、中国科学技术计算机网（CSTnet）、中国金桥互联网（ChinaGBN）、中国联通公用互联网（UNInet）、中国网通公用网（CNCnet）等。

Internet在未来将成为社会信息基础设施的核心，也将是计算、通信、娱乐、新闻媒体和电子商务等多种应用的共同平台。

2. Internet 主要应用

Internet发展到今天，已不再单纯是一个计算机网络，它包括了世界上的任何东西，从知识到信息，从经济到军事，几乎无所不包，无所不含。使用Internet，可以坐在行驶的汽车里查看朋友发送来的信件；可以参加各种论坛，发表见解；可以学习知识、请教问题；还可以与远方的朋友玩游戏。可以说，Internet已经发展成为一个内容广泛的"社会"，已成为人们在工作、生活、娱乐等方面获取和交流信息不可缺少的工具。Internet的主要功能表现在以下几个方面。

1）WWW服务

WWW是目前Internet最为流行、最受欢迎也是最新的一种信息浏览服务。它在1989年最早出现于欧洲的粒子物理实验室（CERN），该实验室是由欧洲的12个国家共同出资兴办的。WWW的初衷是为了让科学家们以更快捷的方式彼此交流思想和研究成果，现在却已成为一种最受欢迎的浏览工具。

WWW是一个将检索技术与超文本技术结合起来、遍布全球的检索工具。它遵循超文本传输协议（Hyper text Transfer Protocol，HTTP），以超文本（Hypertext）或超媒体（Hypermedia）技术为基础，将Internet上各种类型的信息（包括文本、声音、图形、图像、影视信号）集合在一起，存放在WWW服务器上，供用户快速查找。电子商务、网上医疗、网上教学等服务都是基于WWW、网上数据库和新的编程技术的。

WWW在Internet上的使用是如此广泛，以至于世界上大多数的公司、机构都建立了自己的Web站点，设置自己风格的主页，以利于检索者记住他们。所谓主页（Home Page）是指一个Web站点的首页。它是进入一个新站点首先看到的页面，包含了连接同一站点其他项的指针，也包含了到其他站点的链接。

WWW可谓功能强大，它不仅能展现文字、图像、声音、动画等超媒体文件，还可以运行使用者单一界面存取的各种网络资源服务的实用理念。

2）文件传输

Internet上有许多极有价值的信息资料，当用户想从一个地方获取这些信息资料或者将自己的一些信息资料放到网络中的某个地方时，用户就可以使用Internet提供的文件传输协议（FTP）服务将这些资料从远程文件服务器上传到本地主机磁盘上。同时，用户也可使用文件传输协议将本地主机上的信息资料通过Internet传到远程某主机上。

FTP是一种实时的联机服务，在进行工作前必须首先登录到对方的计算机上，登录后才能进行文件搜索和文件传送的有关操作。普通的FTP服务需要在登录时提供相应的用户名和口令，当用户不知道对方计算机的用户名和口令时就无法使用FTP服务。为此，一些信息服务机构为了方便Internet用户通过网络使用他们公开发布的信息，提供了一种"匿名FTP服务"。

3）电子邮件

电子邮件（E-mail）是一种Internet上提供和使用最广泛的服务，它可以发送文本文件、图片、程序等，还可以传输多媒体文件（例如图像和声音等）、订阅电子杂志、参与学术讨论、发表电子新闻等。有了它，用户可以在短时间内将信件发给远方的朋友，优点是使用方便、传送快速、费用低廉。

电子邮件好比是邮局的信件，它们的不同之处在于电子邮件是通过Internet与其他用户进行联系的现代化通信手段。

使用电子邮件服务首先要拥有一个完整的电子邮件地址，它由用户账号和电子邮件域名两部分组成，中间使用"@"把两部分隔开，如wzy2006@wzvtc.cn、cgl@126.com等。用来收发电子邮件的软件工具很多，在功能、界面等方面各有特点，但它们都有以下几个基本功能：

（1）传送邮件。将邮件传递到指定电子邮件地址。

（2）浏览邮件。可以选择某一邮件，查看其内容。

（3）存储邮件。可将邮件存储在一般文件中。

（4）转发邮件。用户如果觉得邮件的内容可供其他人参考，可在信件编辑结束后，根据有关提示转寄给其他用户。

4）远程登录

远程登录（Telnet）是Internet提供的基本信息服务之一，是提供远程连接服务的终端仿真协议。它可以使用户的计算机登录到Internet的另一台计算机上，而用户的计算机就成为其所登录计算机的一个终端，分享该计算机提供的资源和服务，感觉就像在该计算机上操作一样。Telnet提供了大量的命令，这些命令可用于建立终端与远程主机的交互式对话，可使本地用户执行远程主机的命令。例如，可以用远程登录的方式使用Internet上的某台大型机处理用户的海量数据。

5）新闻讨论组

现实社会中，人们通过广播、报纸、电视等新闻媒体了解当今世界的动态和发展；在Internet"社会"中，也有这种服务，这便是新闻讨论组。

目前，Internet上有几千个新闻组，讨论的内容从文艺到天文，从电影到宗教，从哲学到计算机等，无所不包，无所不含。通过这些新闻组，人们可以了解各个领域的最新动态。存放新闻的服务器叫做新闻服务器，各服务器之间没有直接联系，不同的新闻服务器讨论的题目可从几十个到几千个不等。Internet上的用户可对某个新闻服务器上的讨论话题发表见解。

6）电子公告牌

电子公告牌（BBS）是与新闻讨论组类似的另一种服务。它通过字符和网页两种界面与用户交流，用户通过它可发布信息、获取信息、收发电子邮件、与人交谈、多人聊天、就某个问题表决。这是在青年学生中很受欢迎的一种服务。

7）电子商务

电子商务是目前迅速发展的一项新业务，它是指在Internet上利用电子货币进行结算的一种商业行为，包括网上书城、网上超市、网上拍卖等。它不但改变着人们的购物方式，也改变着商家的经营理念，更是由于它的广阔发展前景，成为了Internet吸引商业用户的一个重要的原因。

除了以上这些，Internet还有许多其他功能，如网上炒股、网络游戏等，随着科技的发展，它还会提供更多的服务并拥有更多的功能，会更加方便人们的生活。

3. Internet 接入方式

Internet作为一个信息资源网络，可以为网络用户提供各种信息资源。当用户要使用这些资源时，首先必须将自己的计算机接入Internet，一旦用户的计算机接入Internet，便成为Internet中的一员，就可以访问Internet提供的各类服务和丰富的信息资源。那么，用户如何接入Internet呢？

要接入Internet，首先要明白用户是从哪里接入Internet的？目前，能提供接入Internet服务的是Internet服务提供者（Internet Service Provider，ISP），它是管理Internet接口的服务机构，一方面为用户提供Internet接入服务，另一方面为用户提供Internet的各类信息代理服务，如电子邮件、信息发布等。从某种意义上讲，ISP是全世界数以亿计的用户通往Internet的必经之路。各国和各地区都有自己的ISP，在我国，用户主要通过Chinanet、CERnet、CSTnet、ChinaGBnet等主干网络接入Internet，它们就成为我国主要的ISP。用户首先通过某种通信线路连接到ISP，借助于ISP与Internet的连接通道便可以接入Internet。

在选择了合适的ISP以后，需要确定接入Internet的方式。目前接入Internet的方式主要有普通拨号上网、通过有线电视线上网、ISDN接入、xDSL接入、光纤接入及无线接入等几种。

1）拨号上网

利用普通电话线拨号上网是人们非常熟悉的一种接入方式，它是利用电话线和公用电话网（Public Switched Telephone Network，PSTN）接入Internet的技术。这种普通拨号上网方式比较经济，适于业务量小的单位和家庭个人用户使用。拨号上网的用户需拥有一台PC机、一款普通的通信软件、一台Modem和一条电话线，到ISP申请一个上网账号即可使用。上网账号可以向ISP申请，也可以使用公用账号，例如浙江省目前的公用账号及其密码都是16300。普通拨号上网的连接方法如图1.1所示。

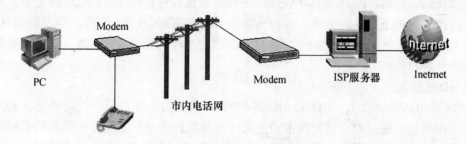

图 1.1   普通拨号上网连接示意图

这里的Modem即调制解调器，是普通拨号上网必不可少的设备，其主要功能是进行模拟信号和数字信号的相互转换，利用它可使计算机上能够处理的数字信号转换成模拟信号，并在电话线上传送，或者把电话线上传送过来的模拟信号转换成计算机上能够处理的数字信号。常用的Modem有内置式、外置式两种。内置Modem插在微机的扩展槽中，不需要另加供电电源和串口连接电缆，不占地方，不易受到物理损坏，价格也便宜得多。外置Modem需专用电源供电，通过电缆与微机串口或者USB口相连，安装和使用都比较方便。

普通拨号上网是最容易实施的方法，费用低廉，只要一条可以连接ISP的电话线和一个账号就可以。它的缺点是传输速度低，线路可靠性差，所以在稳定性和带宽方面有局限性，目前最高接入速度仅56kb/s，不适合中大规模的网络与Internet连接。

2）ISDN上网

速率低是普通拨号上网的缺点，而且用于上网的电话不能同时进行通话，因此人们又开发出了综合业务数字网（Integrate Service Data Network，ISDN）这种新的上网方式，俗称"一线通"业务。它的优点在于：

（1）一线多能。利用一对用户线可同时实现上网、电话、传真、可视图文、数据通信等多种业务的通信。

（2）上网时拨号速度快。一般在短时间内就能完全拨通，而且连接速率稳定在64kb/s~128kb/s。

（3）经济实用。"一线通"用户的信息传送能力比普通用户的信息传送能力增加数倍以上，因而可节省通信费用并提高效率。

（4）传输质量高。端到端的数字传输有效保证了传输质量。

ISDN最大的特点就是支持两个通信通路和一个控制通路，通信通路术语叫做B信道，主要用于传输数据；控制通路术语叫做D信道，主要用于传输控制信息。这就是常说的2B＋D。2B即在一条ISDN线路中的有两条逻辑信道——两个B信道，可以理解为两条普通模拟电话线完成的工作，在一条ISDN线路上即可完成。最简单的例子就是用一条ISDN线路可以拨打两个电话，应答两个呼叫。ISDN不仅在通信方式上为用户提供了便利，而且其内在的数字技术还提供了高质量的通信环境。ISDN线路采用全数字化信号进行通信，

5

它将各种信息全部转化为数字信号。由于采用数字信号传送，在传送时更能保证信息的正确性。

一个B信道提供了64kb/s的速率，一个D信道则提供了16kb/s的速率。数据的传输速率可达到128kb/s。因此，ISDN提供了快速的连接以及比较可靠的线路，可以满足中小型企业浏览以及收发电子邮件的需求。国内大多数城市都有ISDN接入服务，但是随着xDSL宽带接入方式技术的成熟及价格的下降，ISDN作为一种窄带接入的过渡方式正在逐渐退出历史舞台。

3）xDSL接入

xDSL是ADSL、SDSL、HDSL、IDSL和VDSL技术的总称，是一种以铜电话线为传输介质的点对点传输技术。这些技术的主要区别体现在信号传输速度和距离的不同以及上行速率和下行速率对称性的不同这两个方面。其中，ADSL最具前景及竞争力。

非对称数字用户环路（Asymmetric Digital Subscriber Line，ADSL）是一种通过现有普通电话线为家庭、办公室提供宽带数据传输服务的技术，是接入技术中最常用的一种，它的最大特点是不需要改造信号传输线路，完全可以利用普通铜质电话线作为传输介质，配上专用的Modem即可实现数据高速传输。非对称主要体现在上行速率和下行速率的非对称性上，ADSL理论上能够在普通电话线上提供高达8Mb/s的下行速率和1Mb/s上行速率，传输距离达到3km～5km。ADSL所支持的主要业务是：Internet高速接入服务；多种宽带多媒体服务，如视频点播VOD、网上音乐厅、网上剧场、网上游戏、网络电视等；提供点对点的远地可视会议、远程医疗、远程教学等服务。它是目前中国电信部门力推的一种宽带接入方式，可利用电话的双绞线入户，免去了重新布线的问题。

ADSL安装包括局端线路调整和用户端设备安装。在局端方面，由ISP将用户原有的电话线串接入ADSL局端设备；用户端的ADSL安装非常简易方便，只要将电话线连上滤波器，滤波器与ADSL Modem之间用一条两芯电话线连上，ADSL Modem与计算机的网卡之间用一条交叉网线连通即可完成硬件安装，再将TCP/IP中的IP、DNS和网关参数项设置好，便完成了安装工作，如图1.2所示。

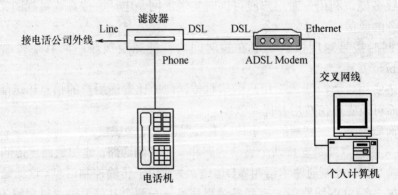

图1.2　通过 ADSL 接入方式

ADSL接入的主要特点表现在：

（1）传输速率高。比起普通拨号Modem最高56kb/s以及"一线通"128kb/s的速率，

ADSL的速率优势是不言而喻的。这样，有效地保证了图像、声音、数据传送的清晰度和连贯性，无论是通过电子邮件收发大型文件还是下载图像或软件均可在瞬间完成。

（2）相对费用低。一方面高速的连接节约了大量网上等待时间，使上网费用大大降低。另一方面，它在同一铜线上分别传送数据和语音信号，数据信号并不通过电话交换机设备，不占用电话资源，这就意味着使用ADSL上网并不需要缴付额外的电话费。

（3）高速连接使得视频点播、远程教育、网上娱乐等深层次应用成为可能，极大地丰富了互联网的应用。

（4）安装方便。用户只要有电话线即可安装ADSL，无需布线。

（5）众多的优点，使ADSL似乎成为宽带的代名词，也使ADSL用户呈规模化普及，由于增长速度太快，引发的服务品质下降问题不容忽视。为了能保证其发展的可持续性，电信业界在技术、应用等关键环节正在作出不懈的努力。

4）Cable Modem的接入

Cable Modem称为电缆调制解调器，又称线缆调制解调器，是一种可以通过有线电视网络实现高速数据接入的设备，属于用户端设备，放置于用户的家中。它一般有两个接口，一个用来接室内墙上的有线电视端口，另一个与计算机或交换机相连。Cable Modem是广电系统普遍采用的一种宽带接入方式，由于原来铺设的有线电视网光缆天然就是一个高速宽带网，所以仅对入户线路进行改造，就可以提供理论上上行8Mb/s、下行30Mb/s的接入速率，目前美国50％以上的宽带用户都采用Cable Modem方式接入，接入方式如图1.3所示。

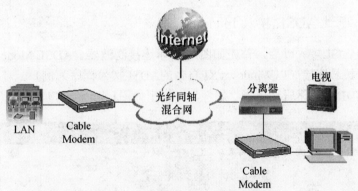

图 1.3　Cable Modem 的接入方式

5）光纤接入方式

光纤接入是指局端与用户之间完全以光纤作为传输媒体。光纤是速度最快的Internet接入方式，用户可以独享光纤带宽，特别适用于有高速上网需求的大企事业单位或集团用户的大型局域网Internet接入，它的传输带宽在2Mb/s～155Mb/s之间。

光纤接入Internet有多种方式，最主要的有光纤到路边、光纤到大楼和光纤到家，即常说的FTTC、FTTB和FTTH。光纤接入能够提供10Mb/s、100Mb/s甚至1000Mb/s的高速宽带，实现未来诸多宽带多媒体应用，主要适用于商业集团用户和智能化小区高速接入Internet。光纤通信具有通信容量大、质量高、性能稳定、抗电磁干扰和保密性强等一系列优点。光纤网易于通过技术升级成倍扩大带宽，因此，光纤接入网可以满足近期各种信息的传送需求。以这一网络为基础，可以构建面向各种业务和应用的信息传送系统。

目前，光纤到楼（Fiber To The Building，FTTB）是最合理、最实用、最经济有效的宽带接入方法。这是一种基于优化高速光纤局域网技术的宽带接入方式，采用光纤到楼、网线到户的方式实现用户的宽带接入，这里称为FTTB+LAN的宽带接入网（简称FTTB）。

通过这种方式可以实现"千兆到小区、百兆到居民大楼、十兆到桌面"，为用户提供信息网络的高速接入。这种接入技术目前已比较成熟，带宽高，用户端设备成本低，理论上用户速率可达10Mb/s。它一般被用于具有以太网布线的住宅小区、酒店、写字楼等，但传输距离短、初期投资成本高、管理不方便、需要重新布线等缺点在一定程度上限制了其发展。

6）无线接入方式

由于铺设光纤的费用很高，同时，由于移动用户终端的增多和用户移动性的增加，无线接入方式已越来越被看好。无线接入是指从交换节点到用户终端部分或全部采用无线手段接入技术，用户通过高频天线和ISP连接，距离在10km左右，带宽为2Mb/s～11Mb/s，费用低廉，但是受地形和距离的限制，适合城市里距离ISP不远的用户，相对性能价格比较高。

作为有线接入网的有效补充，无线接入具有系统容量大，话音质量与有线一样，覆盖范围广，系统规划简单，扩容方便，可加密码或用CDMA增强保密性等技术特点，可解决边远地区、难于架线地区的通信问题，是当前发展最快的接入网之一。

【项目实施方法与过程】

任务一：通过 ADSL 接入 Internet

在ISP申请ADSL接入以后，首先如图1.2所示连接滤波器、ADSL Modem和计算机，建立ADSL虚拟拨号连接（以Windows XP自带的ADSL拨号程序为例）。

（1）右键单击网上邻居，选择"属性"，弹出如图1.4所示窗口。

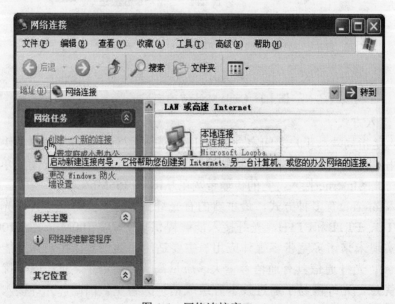

图1.4　网络连接窗口

（2）单击网络连接窗口左侧的"创建一个新的连接"，打开新建连接向导窗口，单击"下一步"。也可以依次选择"开始→程序→附件→通讯→新建连接向导"打开新建连接向导。

（3）在如图1.5所示的对话框中，选择"网络连接类型"为默认"连接到Internet"，单击"下一步"。

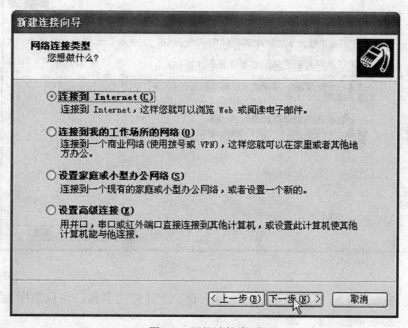

图 1.5　网络连接类型

（4）在如图1.6所示的对话框中选择"手动设置我的连接"，然后再单击"下一步"。

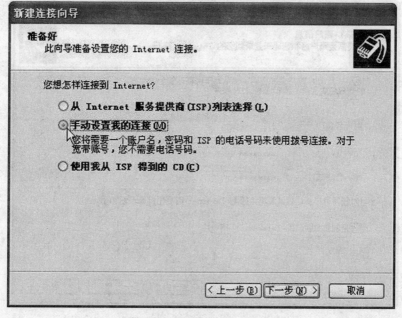

图 1.6　连接设置方式

9

（5）在如图1.7所示的对话框中，选择"用要求用户名和密码的宽带连接来连接"，单击"下一步"。

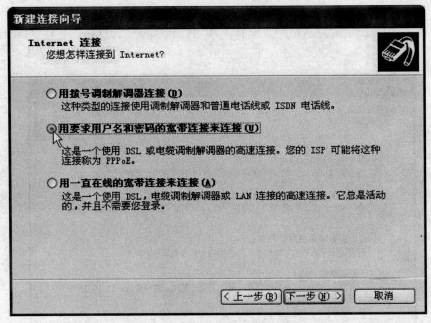

图 1.7　Internet 连接

（6）出现提示输入"ISP名称"，这里只是一个连接的名称，可以随便输入，例如"ADSL"，然后单击"下一步"。

（7）在弹出的如图1.8所示的对话框中输入用户名（即自己的ADSL账号）和密码，输入时需要注意用户名和密码的格式和字母的大小写，然后单击"下一步"。

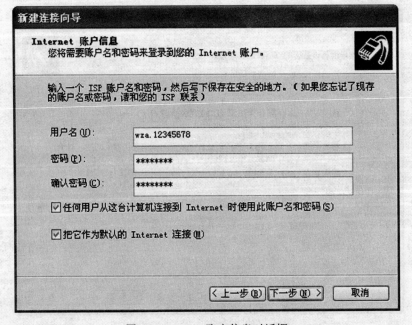

图 1.8　Internet 账户信息对话框

（8）在完成新建连接向导的最后一个对话框中，可以选择在桌面上添加一个快捷方式，单击"完成"后，就会看到桌面上多了个名为"ADSL"的连接图标。

（9）双击"ADSL"的连接图标，弹出如图1.9所示对话框。如果确认用户名和密码正确以后，直接单击"连接"即可上网。成功连接后，会看到屏幕右下角有两部计算机连接的图标。

图 1.9   连接对话框

任务二：通过浏览器初识 Internet

接入Internet后，人们最常做的事就是浏览网络，也就是说查看网络上的各种信息资源。通过浏览器用户可迅速及轻易地浏览各种信息资源。常见的网页浏览器包括微软的Internet Explorer、Opera，Mozilla的Firefox、Maxthon、MagicMaster（M2）等。这些浏览器软件可以使用户的计算机连接到Internet上，无论是搜索新信息还是浏览喜欢的站点，都可使用户轻松地从网络上获得丰富的信息。

以Windows操作系统下的Internet Explorer（IE）浏览器为例，通过对不同网站的访问来熟悉对浏览器的使用，并且从中感受Internet带来的巨大信息量，从而认识Internet。

（1）指定地址浏览网页。指定地址就是指将网页的URL填写到地址栏中。一般系统会记录最近访问过的地址，在输入几个字母后，系统会列出与之相匹配的有关地址。如果输入的URL有误，IE会自动进行近似搜索，找出匹配的地址。双击桌面上的IE图标，打开IE浏览器，在IE窗口的地址栏中输入http://www.163.com，然后按回车键。如此就可以浏览到相应的网站——网易主页了，如图1.10所示。

（2）利用历史记录查找地址，最近浏览过的网页，如果没有添加到"收藏夹"，可以打开历史记录，从列表中选择。

11

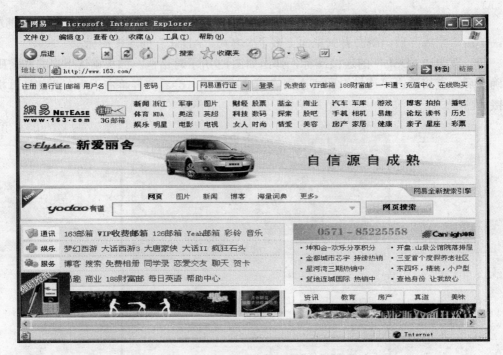

图 1.10　网易主页

（3）用不同的编码显示同一个网页，如图1.11所示。

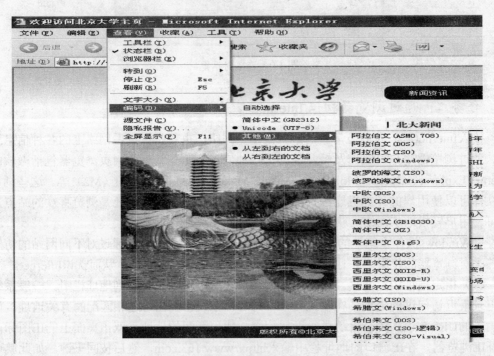

图 1.11　查看编码

（4）脱机浏览，脱机浏览的含义是一些已经访问过的网页，已经保存在硬盘的临时文件夹中，所以即使不连接到Internet，仍然可以打开进行浏览。通常为了减少联机的时间，可以将需要查看的网页在联机状态下一一调出来，但不细看，这样，与Internet切断连接后，再选中浏览器窗口中"文件"下的"脱机浏览"，从历史记录中调出来相关页面。那些曾经访问过的与该页面的链接的页面，通常也可以调出来，也可以在将网页添加到收藏夹时，选中"允许脱机浏览"前的复选框。

当然，将网页保存下来，也是脱机浏览的一种方法。为使更多的网页可以保存在临时空间以便脱机浏览，可以执行如下操作：在"工具"菜单上，单击"Internet选项"；在"常规"选项上，单击"设置"；向右拖滑块，以增加临时硬盘空间。

脱机浏览可以大大减少在网上的时间，节省开支。

【总结与深化】

1. 理解 Internet

为了全面理解Internet，可以从网络互连、网络通信、网络提供信息资源以及网络管理等各个不同的角度来考察它所提供的功能。

从网络互连的角度来看，Internet可以说是由成千上万个具有特殊功能的专用计算机（称为路由器或网关）通过各种通信线路，把分散在各地的网络在物理上连接起来。在广大用户看来，它是一个覆盖全球的单一网络，其实这是一种虚拟图像，实际的内部结构是十分复杂的，但是这种复杂的内部结构用户是看不见的。正如电话用户在通话时看不见电话交换机的复杂结构一样。

从网络通信的角度来看，Internet是一个用TCP/IP把各个国家、各个部门、各种机构的内部网络连接起来的超级数据通信网。

从提供信息资源的角度来看，Internet是一个集各个部门、各个领域内各种信息资源为一体的超级资源网。凡是加入Internet的用户，都可以通过各种工具访问所有信息资源，查询各种信息库、数据库，获取自己所需的各种信息资料。

从网络管理的角度来看，Internet是一个不受任何国家政府管理和控制的、包括成千上万个相互协作的组织和网络的集合体。从某种意义上讲，它是处于"无政府状态"之中。但是，连入Internet的每一个网络成员都自愿地承担对网络的管理，支付费用，友好地与相邻网络协作，维护Internet上的数据传输，共享网上资源，并共同遵守TCP/IP的一切规定。

2. Internet 的特点

Internet在很短的时间内风靡全世界，而且还在以越来越快的速度扩展，这与它具有的显著特点分不开的。

（1）TCP/IP是Internet的核心。网络互连离不开协议，Internet正是依靠TCP/IP才能实现各种网络的互连。连入Internet的计算机和网络都遵循统一的TCP/IP，并成为Internet的一部分。可以毫不夸张地说，没有TCP/IP，就没有如今的Internet。

因此，TCP/IP是Internet最重要的技术基础和核心。

（2）Internet实现了与公用电话交换网的互连。由于Internet实现了与公用电话交换网的互连，使全世界众多的个人用户入网很方便。就是说任何用户，只要有一条电话线、一台PC机和一个Modem，就可以连入Internet，这也是Internet迅速普及的重要原因之一。

（3）Internet是一个用户自己的网络。如前所述，由于Internet上的通信没有统一的管理机构，因此，网上的许多服务和功能都是由用户自己进行开发、经营和管理。例如，著名的WWW软件就是由位于瑞士日内瓦的欧洲粒子物理实验室开发出来交给公众使用的。Internet上最流行的E-mail软件之一，Eudora是由美国伊利诺斯大学的Steve Dorner开发成功之后，免费提供给Internet上用户使用的。因此，从经营管理的角度来说，Internet是一个用户自己的网络。

3. Internet 的管理机构

Internet在某种意义上是一个不受某一个政府或某一个人控制的全球性超级网络。但它却能很好地运行并为几千万用户服务，不少人对此感到有些不好理解，很想知道其中的奥妙。Internet虽然不受某一个政府或某一个人控制，但是，它本身却以自愿的方式组成了一个帮助引导Internet发展的最高组织，称为"Internet协会"（Internet Society，ISOC）。该协会成立于1992年，是非盈利性的组织，其成员是由与Internet相连的各组织和个人组成的，会员全凭自愿参加，但必须交纳会费。

Internet协会本身并不经营Internet，但它支持Internet体系结构委员会（Internet Architecture Board，IAB）开展工作，并通过IAB实施对Internet的技术管理。为了加强各网络成员之间的交流和合作，它出版了一种刊物《ISOC新闻》，每年召开一次INET年会，讨论Internet用户共同关心的问题。

IAB由两部分组成，一部分是Internet工程工作组（Internet Engineering Task Force，IETF），它致力于正在应用和发展的TCP/IP；另一部分是Internet研究工作组（Internet Research Task Force，IRTF），它主要致力于发展网络技术。

此外，IAB控制着Internet的网络号码分配管理局（IANA），这个局根据需要在世界不同地区共设立了三个网络信息中心（Network Information Center，NIC）：

（1）位于荷兰阿姆斯特丹的RIPE-NIC，负责欧洲地区的网络号码分配工作。

（2）位于日本东京的AP NIC，负责亚洲地区的网络号码分配工作。

（3）位于美国的Inter NIC，负责美国和其他地区的网络号码分配工作。

上述这些网络信息中心负责监督网络IP地址的分配。同时IAB还控制着Internet的网络登记处，它跟踪域名系统（DNS）的根数据库，并且负责域名与IP地址的联系。

Internet的几乎所有文字资料都可以在"评议请求"（Request For Comments，RFC）中找到。RFC是Internet的工作文件，其主要内容除了包括对TCP/IP标准和相关文档的一系列注释和说明外，还包括政策研究报告、工作总结和网络使用指南等。

【实践与体会】

1. 简述Internet的概念。

2. Internet提供了哪些主要服务？

3. 目前我国有哪几个Internet主干网？

4. 从下面推荐的浏览器地址分别下载不同的浏览器软件，并尝试使用，挑选一个适合自己的浏览器。

（1）Mozilla Firefox 下载地址：http://www.mozilla.org.cn/。

（2）Tencent Traveler（腾讯TT）下载地址：http://im.qq.com/tt/。

（3）TheWorld（世界之窗）下载地址：http://www.ioage.com/cn/theworld.htm。

（4）MagicMaster （M2，魔法大师）官方：http://cn.magicmaster.org。

（5）miniie下载地址：http://www.ie-ie.cn。

（6）Thooe（随E浏览器）下载地址：www.thooe.com。

（7）遨游下载地址：http://www.maxthon.cn/

5．进入www.cnnic.com.cn了解我国Internet的发展现状，按要求完成表1.1。

表 1.1　中国 Internet 发展的宏观概况表

项　目	答　案		
我国网民人数	专线上网网民数	拨号上网网民数	宽带上网网民数
我国上网计算机数			
我国域名数及其地域分布			
我国网站数及其地域分布			
我国IP地址总量及其地域分布			
我国国际出口带宽总量			

6. 如果一个家庭上网的时间每天约两个多小时，周末和双休日会有更多的时间上网。家庭所在地区可以申请接入Internet的方式有拨号上网、ISDN、ADSL、Cable Modem、小区LAN、DDN，你会选择哪种最合适的方式？

项目二　网络信息搜索

【项目应用背景】

长期以来，人们只是通过传统的媒体（报纸、杂志、广播和电视等）获得信息。但随着计算机网络的发展，网络上提供各种类别的大量的信息，如新闻资讯、气象信息、文献周刊等。使用浏览器就可以通过Internet浏览希望得到的文本、图像和声音等信息，通过网络获取信息是一种非常便捷、高效的方法。

根据信息的内容和性质的不同，有不同的使用方法：

1．仅仅浏览信息，如新闻，一般不需进行保存，浏览完毕关闭浏览器就可以。

2．对一些有用的信息，网络上有可能更新或删除掉，因此要将其保存到计算机的磁盘上，以便今后使用。

3．有一些网站可能要经常浏览，但其内容是不断更新的，如天气预报、交通违章信息等，可以将网址添加到收藏夹，每次访问时可以快速打开浏览。

4．对一些特定的信息，要用搜索引擎根据关键字进行搜索查找才能得到。

5．还可以用RSS订阅的方法，像订报刊一样订阅某一方面的资讯或某些人的博客等信息。

【预备知识】

信息浏览是通过WWW（有时也简称Web）服务来实现的。WWW并不是独立于Internet的另一个网络，而是基于"超文本"技术将位于全世界Internet上不同网址的相关数据有机地编织在一起，连接成的一个信息网，由接点和超链接组成的、方便用户在Internet上搜索和浏览信息的超媒体信息查询服务系统，它采用超文本传输协议（HTTP）。

网络信息搜集的第一步是浏览，最常用的浏览器是微软公司开发的Internet Explorer（IE），IE是上网时必备的工具软件之一，在Internet应用领域甚至是必不可少的。IE还内置了一些应用程序，具有浏览、收发电子邮件、下载等多种网络功能，有了它，使用者就可以在网上自由冲浪了。

就像收音机能收听广播节目中的信号一样，IE就是安装在客户端上的WWW浏览工具，用浏览器的查询界面就能方便地进行Internet上信息的查询。

浏览器的基本操作是双击桌面上的IE图标，然后在"地址"文本框中输入某Web网址进行浏览。Web网址即WWW地址，或Internet地址，也称为URL或统一资源定位符。除了IE浏览器外，还有一些其他的浏览器，如腾讯TT浏览器、遨游、The World（世界之窗）、Firefox（火狐）、Netscape等，使用方法基本相同。

【项目实施方法与过程】

任务一：浏览器的设置

1. 设置默认主页

当运行IE后打开的第一个网页称为主页。IE可以设置三种方式的主页，分别是"使用当前页"、"使用默认页"和"使用空白页"，用户可以根据自己的使用习惯更改设置。

具体设置步骤如下：

（1）启动IE浏览器。

（2）打开要设置为默认主页的Web网页。

（3）选择"工具"→"Internet选项"命令，打开"Internet选项"对话框，选择"常规"选项卡，如图2.1所示。

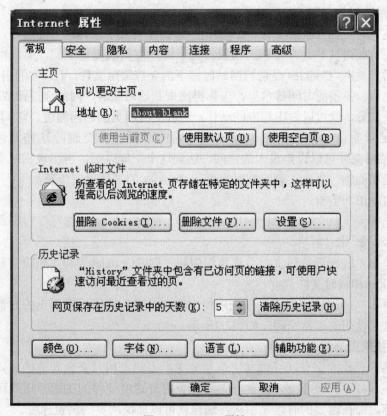

图 2.1 Internet 属性

（4）在"主页"选项组中单击"使用当前页"按钮，可将IE浏览器正在浏览的Web网页设置为主页；若单击"使用默认页"按钮，则将微软公司网页设置为主页；若单击"使用空白页"按钮，启动IE浏览器时不打开任何网页。用户也可以在"地址"文本框中直接输入某Web网页的地址，将其设置为默认主页。

（5）最后单击"确定"按钮。

2．设置历史记录的保存时间

在IE浏览器中，单击工具栏上的"历史"按钮可以查看所有浏览过的网页的记录，这个功能的作用是当要重新打开其中的某个网页时，可以快速打开。但长期下来历史记录会越来越多，这时用户可以在"Internet选项"对话框中设定历史记录的保存时间，这样超过保存时间的记录系统会自动清除掉。

设置历史记录的保存时间的具体设置步骤如下：

（1）启动IE浏览器。

（2）选择"工具"→"Internet选项"命令，打开"Internet选项"对话框，选择"常规"选项卡，如图2.1所示。

（3）在"历史记录"选项组中的"网页保存在历史记录中的天数"数值框中输入历史记录保存天数即可。

（4）单击"清除历史记录"按钮，可以清除已有的历史记录。

（5）设置完毕后，单击"确定"按钮。

3．删除临时文件和 Cookies

上网浏览时会创建临时文件。IE 浏览程序会在硬盘中保存网页的缓存，以提高以后浏览的速度。临时文件逐渐堆积，不仅占用了用户宝贵的硬盘空间，而且也极大地影响了系统的运行效率。Cookies 是访问网站时留下的一些临时文件，记录你的用户 ID、密码、浏览过的网页、停留的时间等信息，当你再次来到该网站时，网站通过读取 Cookies，得知你的相关信息，就可以做出相应的动作，可以加快网页的访问速度。它同样会占用越来越多的磁盘空间，从而降低浏览速度。因此必要时需要删除这些东西。

IE 的临时文件可以设定最大的空间，达到这个空间以后，再出现临时文件就会替换一些目前没用的临时文件。删除临时文件和 Cookies 的具体设置步骤如下：

（1）启动IE浏览器。

（2）选择"工具"→"Internet选项"命令，打开"Internet选项"对话框，选择"常规"选项卡，如图2.1所示。

（3）单击"Internet临时文件"选项组中的"删除Cookies"和"删除文件"按钮可分别删除Cookies和临时文件。

（4）单击"Internet临时文件"选项组中的"设置"按钮，在弹出的对话框中可以设置临时文件夹使用的磁盘空间，如图2.2所示

4．加快网页浏览速度设置

在网络上查找的信息往往以文字信息为主，因此，相对来说其他的图片、声音以及视频信息显得并不十分重要，而这些是使网页打开速度变慢的关键，用户可以通过设置将其屏蔽掉，而在需要的时候显示它，这样就可以加快网页的浏览速度。

具体设置步骤如下：

（1）启动IE浏览器。

（2）选择"工具"→"Internet选项"命令，打开"Internet选项"对话框，选择"高级"选项卡，如图2.3所示。

（3）在"设置"栏中找到"多媒体"组，将其下面的播放动画、播放声音、播放视频、显示图片等前面的复选框取消选中。

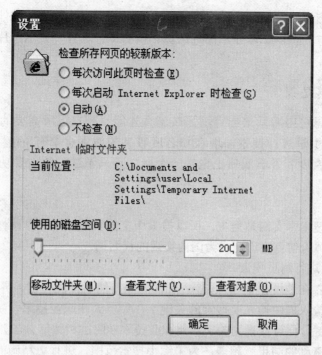

图 2.2　临时文件磁盘空间设置

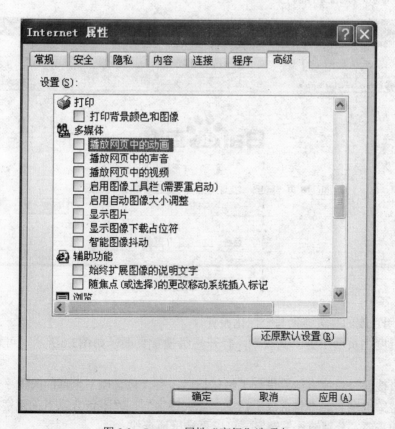

图 2.3　Internet 属性"高级"选项卡

（4）最后单击"确定"，此后，浏览网页时，就不会传输这些文件了。如果有时需要查看个别的图片，可以在未显示图片区域单击右键，选择"显示图片"命令，就可以显示这张图片了。

任务二：信息搜索

网络上的信息可用海量来形容，那么怎么才能找到自己所需要的信息呢？常用的方法是使用搜索引擎进行搜索，现在知名度较高的搜索引擎有百度（Baidu）和谷歌（Google）等，百度和谷歌实质上也是一个网站，只不过它的主要功能是提供网络的资源搜索服务。

1．百度

百度主要以搜索中文网站为主，所以搜索中文网页的效率和准确性都不错。百度简单、可靠的搜索体验使百度迅速成为国内搜索的代名词。

1）使用百度进行网页搜索

打开浏览器，在地址栏中输入www.baidu.com，然后按回车键，界面如图2.4所示。在主页面的搜索输入框中输入要搜索的关键字，如"温州职业技术学院"，单击"百度一下"或按回车键，便可搜索到关于温州职业技术学院的相关信息，如图2.5所示。关键字越不具体，搜索到的结果就越多，为了缩小搜索范围，进行更精确的查询，可输入多个关键字，中间可用空格隔开。

图 2.4　百度主页

2）使用百度的高级搜索与个性化设置

单击百度主页面上的"高级"，打开高级搜索页面，如图2.6所示，可以进行高级搜索。

"高级搜索"对搜索结果进行了细化描述，有"包含以下全部的关键字"、"包含以下的完整关键字"、"包含以下任意一个关键字"、"不包含以下关键字"等项，按实际查询的需要，分别输入关键字，可以更精确地查找。

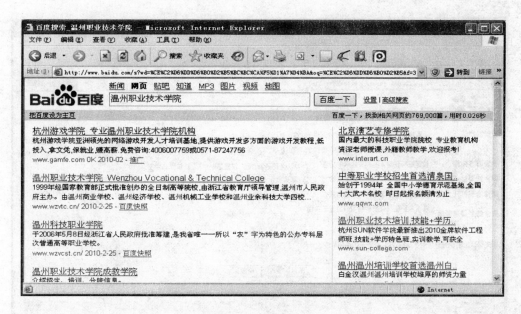

图 2.5　百度搜索结果

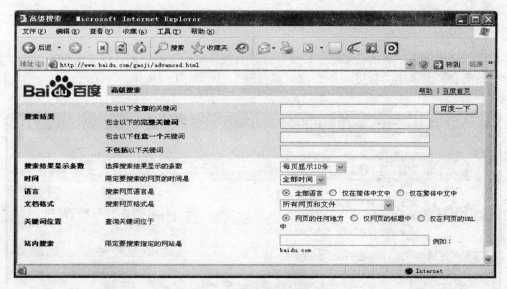

图 2.6　百度高级搜索

　　单击百度主页面上的"设置"，打开"个性设置"页面，如图 2.7所示，可进行个性化设置，如"搜索语言范围"可规定全部语言，还是供简体中文网站中搜索，"搜索结果显示条数"可以设置每页显示搜索结果的条数，"搜索结果打开方式"可以设置成在新窗口中打开或在原窗口中打开。

　　3）百度特色功能

　　（1）百度"贴吧"。

　　百度"贴吧"是一个表达和交流思想的自由网络空间，在这里每天都有无数新的思想和新的话题产生，百度"贴吧"已逐渐成为最有影响的中文交流平台之一。

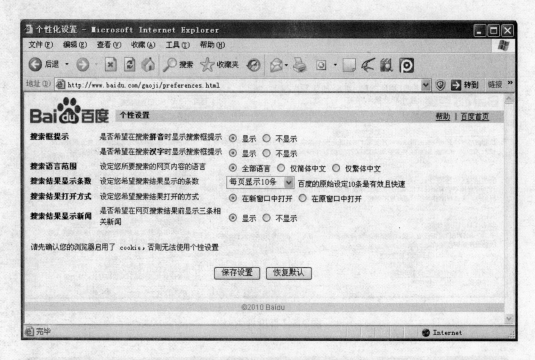

图 2.7　百度搜索个性设置

　　进入百度主页，单击"贴吧"链接，打开百度"贴吧"的页面，在文本框中输入"温哥华冬奥会"，单击"百度一下"按钮或按回车键，如图2.8所示。

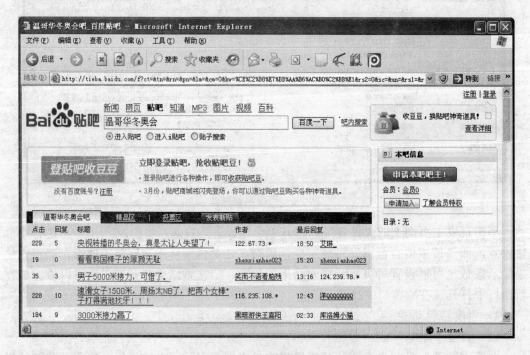

图 2.8　百度"贴吧"

在搜索结果中单击符合主题的条目即可，页末有个回复区，可以在这个区域中回复主题，输入完内容后，单击"发表贴子"按钮。

（2）百度"知道"。

用户在生活中如有疑问，可以通过百度的"知道"功能寻找答案，它好比是一本电子版的民间百科全书，如想知道"牙膏的主要成分是什么"，可以进行如下操作：

进入百度主页，单击"知道"链接，打开"百度知道"页面，在文本框中输入"牙膏的主要成分是什么"，单击"搜索答案"按钮或按回车键，结果如图2.9所示。就可以从网民的回答中找到合适的答案，答案可能有多种，也不一定相同，但评论会给出一个最佳答案。百度还有其他一些特色功能，如"百度MP3"等，大家可以自己去使用。

图 2.9　百度知道

2．谷歌

谷歌也是一个常用的搜索引擎，打开浏览器，在地址栏中输入www.google.com.hk，然后按回车键，界面如图2.10所示。它的基本搜索操作与百度类似，谷歌的特色功能如下：

1）谷歌"地图"

谷歌"地图"是一项网络地图服务。通过使用谷歌"地图"，可以查询详细地址，并可以规划点到点路线。

进入谷歌主页，单击"地图"链接，打开谷歌"地图"的页面，在文本框中输入商家、单位、景点、公司的名称或地址等。如"温州职业技术学院"，单击"搜索地图"按钮或按回车键，如图2.11所示。

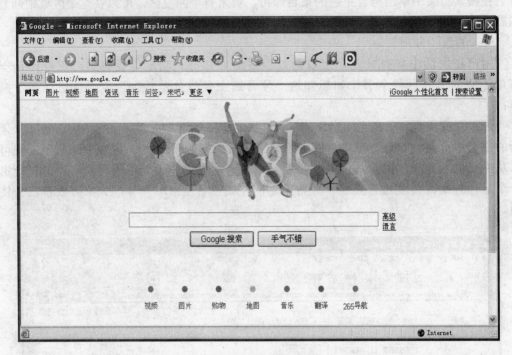

图 2.10 谷歌主页

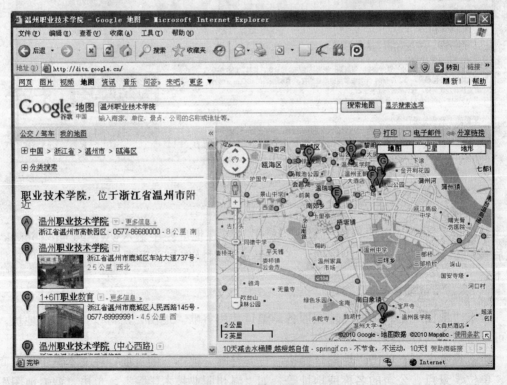

图 2.11 谷歌"地图"

单击"公交/驾车",可规划出行路线,如在"A"文本框中输入出发地址"温州",在"B"文本框中输入到达地址"杭州",在下面的下拉式文本框中选择出行方式,从"驾车"、"乘公交或火车"、"步行"选择一项,再单击旁边的"查询线路"按钮,可得到最佳出行线路,并有详细的驾车路线指示,如图2.12所示。

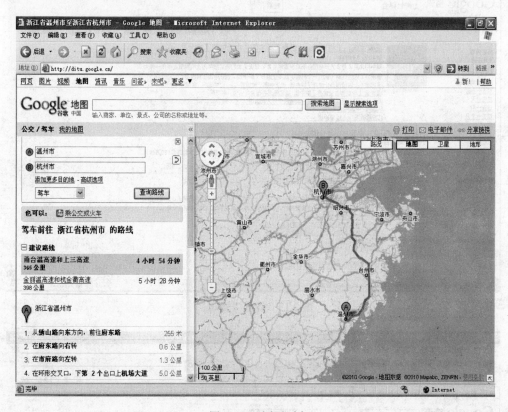

图 2.12　路径规划

2)谷歌"资讯"

谷歌"资讯"根据搜索结果与查询内容的相关性来对搜索结果进行自动排序。用户可根据关键字查询到相关的资讯。

进入谷歌主页,单击"资讯"链接,打开谷歌"资讯"的页面,在文本框中输入要搜索的关键字。如"上海世博会",单击"搜索"按钮或按回车键,如图2.13所示。选择"按内容相关性进行排序"或者"按日期排序",可以按用户的要求的方式进行查看。

在每一专题项下面有"此专题所有××篇报道",单击此链接可查看相关报道。如图2.14所示是该主题的资讯列表。

任务三:使用收藏夹

一些网站可能会经常浏览,查看最新的信息,如新闻、财经资讯、天气预报、汽车违章信息等,可以使用收藏夹将这些常用的网址收藏起来,要浏览该网站时可以从收藏夹中查找网址,快速打开。

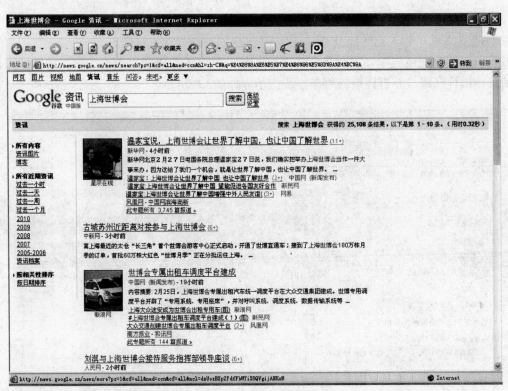

图 2.13　谷歌"资讯"

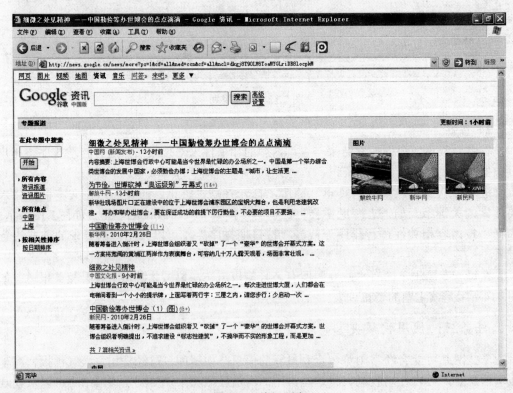

图 2.14　资讯列表

1. 使用"收藏"菜单添加

单击IE浏览器中的"收藏"菜单，选择"添加到收藏夹"命令，如图2.15所示，打开"添加到收藏夹（A）"对话框，如图2.16所示。然后在"名称"文本框中为网页输入一个容易记忆的名称（也可以不输入），接着在"创建到"旁边的目录栏中选择存放的目录。如果想把网址保存在新的目录中，则可以单击"新建文件夹"按钮，输入目录名称，再确定退出就完成收藏夹的添加工作了。

图 2.15　使用收藏夹

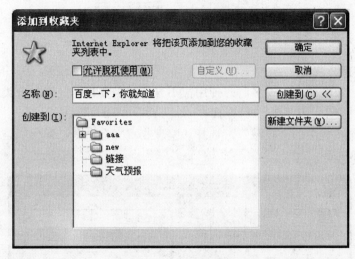

图 2.16　添加到收藏夹对话框

2. 使用快捷菜单添加

在当前网页的空白处单击鼠标右键，然后在弹出的菜单中选择"添加到收藏夹（F）"，如图2.17所示。然后再按上述方法进行操作。

3. 使用网页链接添加

如果想把网页中的一些网页链接添加到收藏夹，则完全不必先单击打开再添加，只要用鼠标指向有关的链接网址，再单击鼠标右键选择"添加到收藏夹"则可。

4. 快速收藏

用鼠标把地址栏前的"e"拖到"收藏夹"按钮上。

5. 收藏夹的使用

当要浏览已经添加到收藏夹的网站时，使用收藏夹可以快速打开这些网站。

（1）在打开的IE浏览器中，单击菜单栏中的"收藏"，打开下拉式菜单。

（2）单击菜单中要浏览的网站名称，浏览器即可找到该网站对应的地址，并自动打开网页。

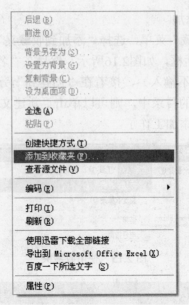

图 2.17　收藏夹快捷菜单

6．分类整理收藏夹

当收藏夹中收藏的网址过多时，使用很不方便，需要将网址进行分类整理，分别收藏到各自的文件夹中，便于浏览时查找。

（1）打开菜单栏中的"收藏"，选择"整理收藏夹"命令，弹出"整理收藏夹"对话框，如图2.18所示。

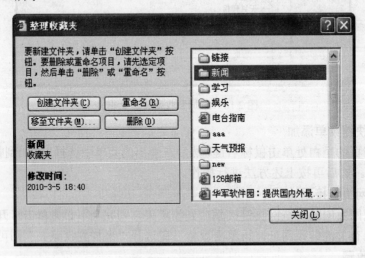

图 2.18　整理收藏夹

（2）在对话框中单击"创建文件夹"按钮，将创建一个新文件夹。

（3）将新文件夹重命名，如"新闻"，重复上一步骤，依次可以创建"学习"、"娱乐"等文件夹，如图2.18所示。

（4）用鼠标将已经收藏的网址拖到相应的文件夹，也可先选择要移动的网址，再单击"移至文件夹"按钮，在弹出的"浏览文件夹"对话框中选择文件夹，单击"确定"

28

完成移动。

任务四：保存网页

网页上内容会经常更新，对一些具有参考价值的资料，不能用收藏夹的方法进行收藏，而应该将其保存到本地计算机的磁盘中，IE 可以保存网页的全部内容,包括文字、图像、框架和样式等。

1．保存当前网页内容

保存整个完整的网页，按保存类型可以分为以下四类，如图 2.19 所示。

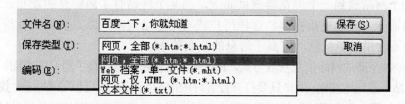

图 2.19　保存类型

（1）网页，全部（*.htm;*.html）:保存最完整的一种类型。该类型会将页面中的所有元素（包括图片、Flash 动画等）都下载到本地，即最终保存结果是一个网页文件和一个以"网页文件名.files"为名的文件夹，文件夹中保存的为网页中需要用到的图片等资源。

（2）Web 档案，单一文件（*.mht）：同样也是保存完整的一种类型。与第一种不同的是，最终保存的结果是只有一个扩展名为.mht 的文件，但其中的图片等内容一样都不少。双击这种类型的文件同样会调用浏览器打开。

（3）网页，仅 HTML（*.htm;*.html）：只保存网页中的文字但保留网页原有的格式。保存的结果也是一个单一网页文件，因为不保存网页中的图片等其他内容，所以保存速度较快。

（4）文本文件（*.txt）：只保存网页中的文本内容，保存结果为单一文本文件，虽然保存速度极快，但如果网页结构较复杂的话，保存的文件内容会比较混乱，要找到自己想要的内容也就难了。

保存网页的操作方法如下：

（1）进入待保存的网页，单击"文件"菜单，选择"另存为…"命令，打开"保存网页"对话框。

（2）在"保存在"下拉式文本框中指定文件保存的位置，在"文件名"文本框中输入保存的文件名，根据自己的需要，在"保存类型"文本框中选择保存的类型。

（3）"编码"一栏一般选择"简体中文（GB 2312）"。

（4）最后单击"保存"按钮，网页就保存在计算机的硬盘上了。

2．保存网页中的图片或部分文字

如果不需要保存整个网页，只需要保存其中的图片或部分文字，可分别选择这些部分进行单独保存。

（1）在打开的网页中，选择要保存的图片，单击鼠标右键，在弹出的菜单中选择"图片另存为"命令，然后在打开的"保存图片"对话框中选择保存位置，输入文件名，最后单击"保存"按钮，图片就保存在计算机上了。

（2）如果只需要保存网页中部分文字，先打开一个文字处理软件（如Word），在网页中选中这部分文字，复制后粘贴到文字处理软件中，再进行保存就可。

任务五：RSS 资讯订阅

如果一个人每天通常要浏览30个网站获得各种所需信息，以现在浏览网页的方式，就需要登录30个不同站点搜寻每天可能发布的新信息，因为作为终端用户很难获知这些网站何时进行新信息的发布。在访问时，如果某个网站暂时没有新内容，那么这个人可能就要在一天内多次访问某些网站。这种访问方式获取信息的效率较低，随机性大。但如果将这30个网站放到一个浏览器或页面下，当某个网站有了新信息的发布，这个浏览器就能发出通知，显示更新内容，这样用户就不用登录很多网站，多次查找信息，节约了时间，也不会错过新信息，提高了信息的获取效率。

RSS是一种全新的网络信息获取方式，RSS阅读器将新信息带到了用户的桌面，而无需用户去各个网站一遍遍地搜索，用户只要打开设置好的RSS阅读器，就可以等着信息"找上门来"。RSS阅读器就如同一份自己订制的报纸。每个人可以将自己感兴趣的网站和栏目地址集中在一个页面，这个页面就是RSS阅读器的界面。通过这个页面就可浏览和监视这些网站的情况，一旦哪个网站有新内容发布就随时报告，显示新信息的标题和摘要。主要的博客网站也支持RSS订阅，用户可以订阅关注的博客，当这些博客有新的博文发布时，也可及时看到。

目前流行的RSS 阅读器有适用于Windows系统下的看天下、周博通、新浪点点通、Maxthon等网络资讯浏览器，下面以看天下网络资讯浏览器为例。

首先，打开http://www.kantianxia.com，下载看天下网络资讯浏览器软件并安装，安装后运行，如图2.20所示。

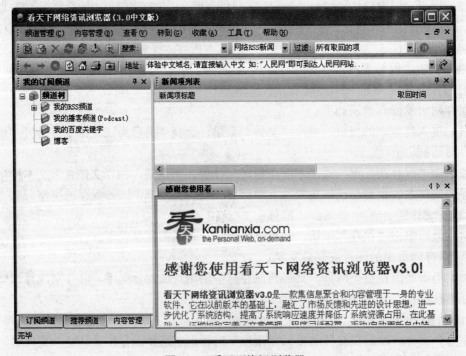

图 2.20　看天下资讯浏览器

1．资讯订阅

看天下网络资讯浏览器具有多种资讯订阅方式：

1）订阅推荐频道

（1）单击"推荐频道"，进入推荐频道项选卡，右键单击任一频道，在弹出的菜单中选择"订阅频道"，如图2.21所示。

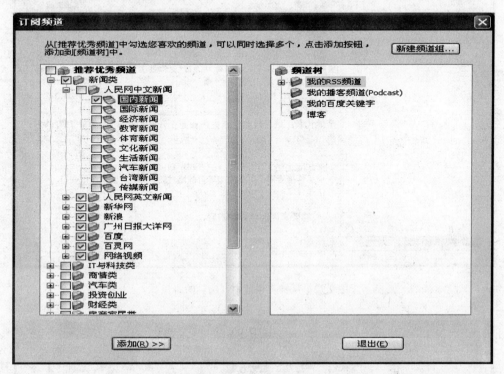

图 2.21　订阅推荐频道

（2）选择想要订阅的频道，如人民网国内新闻，单击"添加"，把该频道添加到订阅频道中。

例如订阅人民网国内新闻后，右键单击该频道，在弹出的菜单中点"刷新"，可以看新闻项列表中出现了订阅到的最新国内资讯，如图2.22所示，单击其中某一条，会在右下的浏览窗口内阅读该条新闻的内容。

2）通过RSS Feed订阅

RSS Feed是XML格式的文件，是一个网络链接，RSS资讯阅读器能够从中定期下载其包含的内容并显示给用户。

（1）如果已知RSS Feed网址。如大洋网，网址为http://rss.dayoo.com，打开它可以查找到相关网址，如图2.23所示。

（2）复制一个感兴趣的条目，如滚动新闻http://rss.dayoo/news.xml。

（3）单击"订阅频道"选项卡，选中"我的RSS频道"，单击右键，在弹出的菜单中选择"添加频道"，打开一个对话框，如图2.24所示，按向导完成添加任务。

① 频道源模式中选"从一个指定的频道 URA 中获取频道源"，如图 2.24 所示，单击"下一步"按钮。

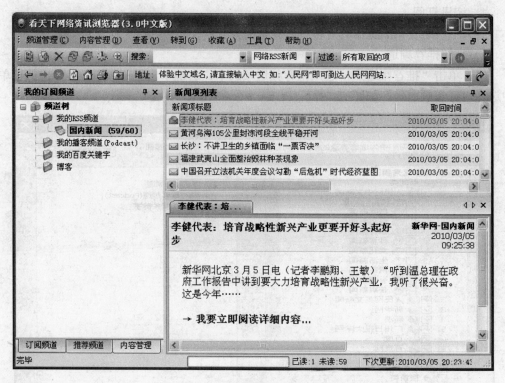

图 2.22　从推荐频道中订阅到的资讯

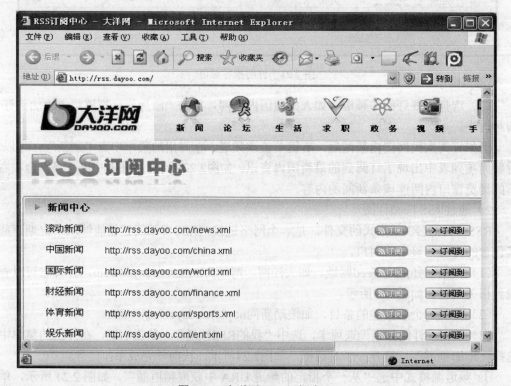

图 2.23　大洋网 RSS 订阅中心

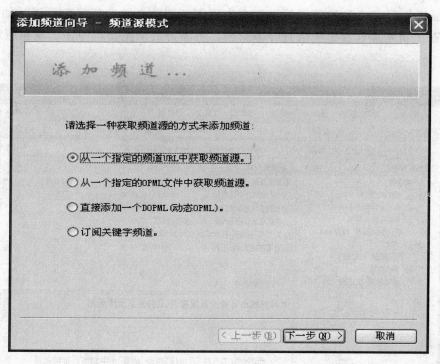

图 2.24　频道源模式

② 将复制的频道源地址粘贴在"频道源URL地址"文本框内，如图2.25所示，单击"下一步"按钮。

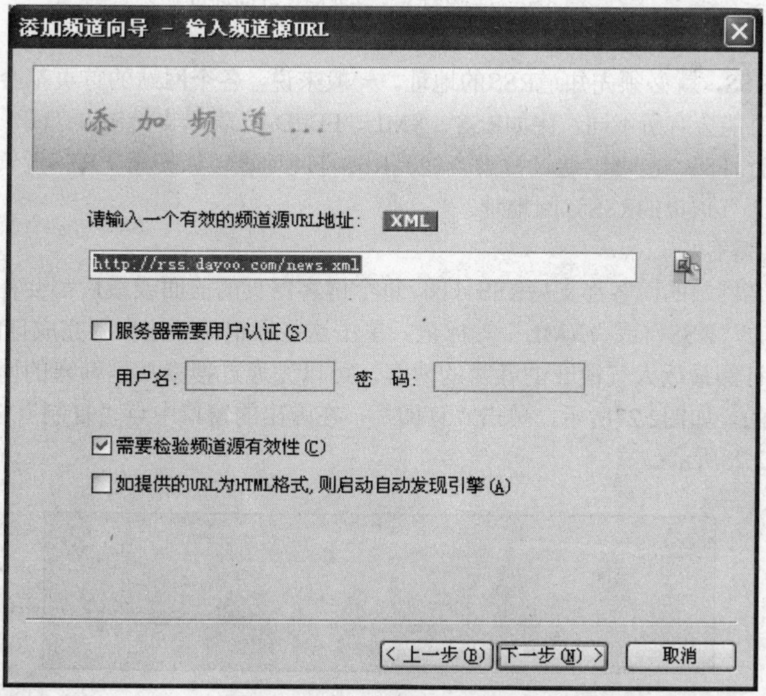

图 2.25　输入频道源 URL 地址

完成添加后在"我的订阅频道"中出现刚订阅的"滚动新闻"频道，如图2.26所示，在"新闻项列表"中选择一条新闻，右下方的浏览窗口内便出现相应的新闻内容。

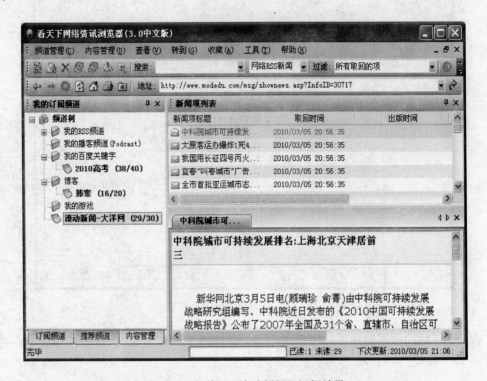

图 2.26 大洋网"滚动新闻"订阅结果

要订阅RSS，就必须先知道RSS的地址。一般来说，各个网站的首页都会用显著位置标明。名称可能会有所不同，比如RSS、XML、FEED，表示支持RSS订阅，都可以参照上述方法进行订阅。也可以通过搜索查找到RSS订阅地址，如搜索"RSS天气预报"，可以找到有关天气预报的RSS订阅地址。

3）订阅博客

各大博客网站的博客都支持RSS订阅，每个博客网页的前面或最后都会在显著位置标出"订阅"、"RSS"或"XML"等标记，单击这些标记就可按步骤完成订阅。

例如要订阅最近人气很旺的韩寒的博客，可以先通过搜索找到韩寒的博客，打开后看到博客上的，如图2.27所示，单击"订阅"，在弹出的窗口中点"复制"按钮复制RSS地址，如图2.28所示。

图 2.27 博客上的"订阅"标记

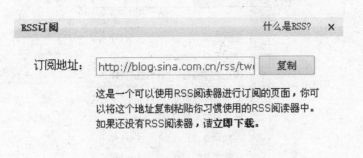

图 2.28　RSS 地址复制窗口

再按照**RSS Feed**订阅的方法，单击"订阅频道"选项卡，选中"我的RSS频道"，单击右键，在弹出的菜单中选择"添加频道"，在打开一个对话框中粘贴地址，按向导完成添加，即可完成博客的订阅，图2.29所示是韩寒的博客订阅结果。

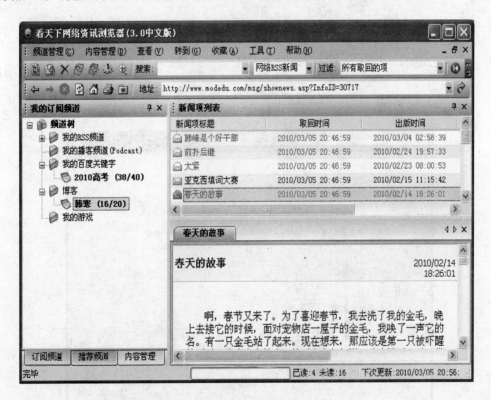

图 2.29　韩寒的博客

4）订阅关键字

看天下网络资讯浏览器还可以根据关键字搜索订阅相关新闻资讯。

右键单击"我的订阅频道"中的"我的百度关键字"，弹出如图2.30所示的快捷菜单，单击"订阅关键字"命令，打开"订阅关键字"对话框，如图2.31所示。

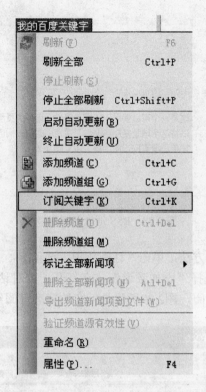

我的百度关键字		
刷新(F)		F6
刷新全部		Ctrl+P
停止刷新(S)		
停止全部刷新		Ctrl+Shift+P
启动自动更新(B)		
终止自动更新(U)		
添加频道(C)		Ctrl+C
添加频道组(G)		Ctrl+G
订阅关键字(K)		Ctrl+K
删除频道(D)		Ctrl+Del
删除频道组(M)		
标记全部新闻项	▶	
删除全部新闻项(N)		Atl+Del
导出频道新闻项到文件(W)		
验证频道源有效性(V)		
重命名(R)		
属性(P)...		F4

图 2.30 "我的百度关键字"菜单

添加频道向导 - 订阅关键字

添加频道...

如果你只想关注与某个关键字相关的资讯,可在此订阅关键字频道:

订阅关键字: 2010高考

内容搜索引擎: 百度 Baidu

〈上一步(B)〉 完成 取消

图 2.31 订阅关键字对话框

在图2.31订阅关键字对话框中输入要订阅的关键字，如"2010高考"，内容搜索引擎选择"百度Baidu"，单击"完成"，可以看到"我的订阅频道"中增加了"2010高考"条目，如图2.32所示刷新后可以得到最新的关于2010年高考的新闻资讯。

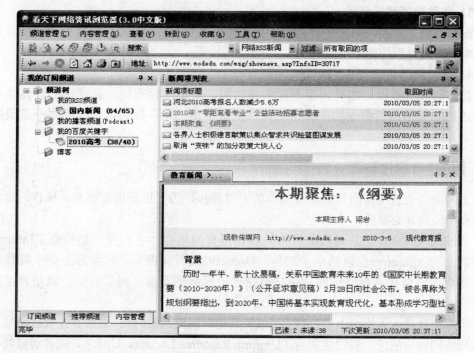

图 2.32　关键字订阅结果

2．频道组管理

当订阅的频道数量较大时，比较混乱，使用频道组能够对频道进行有效的管理。频道组的管理包括添加频道组、重命名频道组、移动频道或频道组以及删除频道组等操作。

1）添加频道组

在订阅频道界面，选中"频道树"—"我的RSS频道"，右键单击，在弹出的菜单中选择"添加频道组"，打开对话框进行添加，如图2.33所示在频道组名称文本框中可以输入要添加频道的名称如"我的游戏"，单击"添加"按钮，成功添加"我的游戏"频道组。

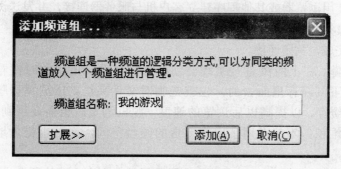

图 2.33　添加频道组对话框

2）重命名频道组

在订阅频道界面，选择需要重命名的频道组，单击鼠标右键，在弹出的对话框中选择"重命名"命令，该频道组名称变成可编辑状态，直接输入新的名称即可。

3）移动频道或频道组

根据自己的需要，用鼠标将频道或频道组拖动到相应的位置，这样频道组的结构更加清晰，方便以后的使用。

4）删除频道组

在订阅频道界面，选择需要删除的频道组，单击鼠标右键，在弹出的快捷菜单中选择"删除频道组"命令，在弹出的对话框中单击"是"按钮，可以删除不需要的频道组。

【总结与深化】

上网浏览查找所需的信息是最基本的上网操作，为了更好地掌握相关操作，理解相关操作的原理是必要的。

万维网（WWW）是无数个网络站点和网页的集合，它们在一起构成了Internet最主要的部分（Internet也包括电子邮件、Usenet以及新闻组）。它实际上是多媒体的集合，是由超级链接连接而成的。用户通常通过网络浏览器上网观看的，就是万维网的内容。

当用户想进入万维网上一个网页，或者其他网络资源的时候，通常首先要在浏览器上键入想访问网页的统一资源定位符（Uniform Resource Locator，URL），或者通过超链接方式链接到那个网页或网络资源。这之后的工作首先是URL的服务器名部分，被命名为域名系统的分布于全球的Internet数据库解析，并根据解析结果决定进入哪一个IP地址（IP address）。

接下来的步骤是为所要访问的网页，向在那个IP地址工作的服务器发送一个HTTP请求。在通常情况下，HTML文本、图片和构成该网页的一切其他文件很快会被逐一请求并发送回用户。

网络浏览器接下来的工作是把HTML、CSS和其他接受到的文件所描述的内容，加上图像、链接和其他必须的资源，显示给用户。这些就构成了用户所看到的"网页"。

总体来说，WWW采用客户机/服务器的工作模式，工作流程具体如下：

（1）用户使用浏览器或其他程序建立客户机与服务器连接，并发送浏览请求。

（2）Web服务器接收到请求后，返回信息到客户机。

（3）通信完成，关闭连接。

作为客户端，在上网浏览时系统会创建临时文件，上网的时候看到的网页和图片首先都是要下到缓存里面去的，也就是临时文件夹里，IE浏览程序会在硬盘中保存这些网页的缓存，以提高以后浏览的速度，脱机浏览时也需要用到这些临时文件。临时文件逐渐堆积，不仅占用了用户宝贵的硬盘空间，而且也极大地影响了系统的运行效率。

Cookies是一种能够让网站服务器把少量数据储存到客户端的硬盘或内存，或是从客户端的硬盘读取数据的一种技术。Cookies是当用户浏览某网站时，由Web服务器置于用户硬盘上的一个文本文件，它可以记录用户ID、密码、浏览过的网页、停留的时间等信息。当用户再次来到该网站时，网站通过读取Cookies，得知用户的相关信息，就可以做出相应的动作，如在页面显示欢迎的标语，或者让用户不用输入ID、密码就直接登录等。从本质上讲，它可以看作是用户的身份证。Cookies不能作为代码执行，也不会传送病毒，且为用户所专有，并只能由提供它的服务器来读取。保存的信息片断以"名/值"对（Name-Value Pairs）的形式储存，一个"名/值"对仅仅是一条命名的数据。一个网站只能取得它放在用户的计算机中的信息，它无法从其他的Cookies文件中取得信息，也无法得到用户的计算机上的其他任何东西。Cookies中的内容大多数经过了加密处理，因此一般用户看来只是一些毫无意义的字母数字组合，只有服务器的CGI处理程序才知道它们真正的含义。Cookies的字面意思是"小甜饼"，Cookies原本是为了加快网页的访问速度，但它同样会占用越来越多的磁盘空间，从而降低浏览速度，也有可能对个人隐私带来一些不利影响。

临时文件和Cookies统称为临时文件，基于上述原因，IE可以通过设置和手工删除方法在必要时删除这些东西。可以IE的临时文件夹设定最大的空间，达到这个空间以后，再出现临时文件就会替换一些目前没用的临时文件。除了在IE设置中进行临时文件删除外，也可以借助第三方软件来管理，如360安全卫士、优化大师等。

收藏夹实际上就是一个文件夹，它的图标与普通文件夹有所不同，是一个五角星，如图2.34所示，打开收藏夹这个文件夹看到里面保存了一些网站的快捷方式，如图2.35所示，它的内容和结构与浏览器中的收藏夹中的收藏是一样的。系统默认存放在C:\Documents and Settings\username \收藏夹（Favorites）。通过IE浏览器的收藏操作，就可以对该文件夹进行操作。反过来，打开这个文件夹，可以看到与收藏夹中相同的文件夹和收藏的网址，在这个文件夹中直接进行操作，如新建文件夹、移动文件、新建快捷方式等也可完成本来在IE浏览器中进行的收藏和整理收藏夹的操作。

图2.34　收藏夹所在的文件夹

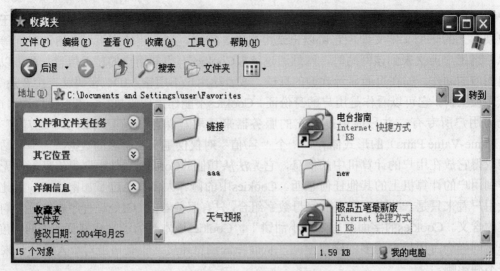

图 2.35　收藏夹的内容

因为收藏夹的默认地址是在C盘，当系统出现问题需要重装时，收藏夹里收藏的网址将全部丢失，如果你的收藏夹对你来说是十分重要的，放在C盘显然是不安全的，那么你可以更改收藏夹的默认地址，操作方法如下：

（1）选择C:\Documents and Settings\（你的用户名）\收藏夹复制到新的目录（如D:\Favorites）。

（2）选择"开始"—"运行"，输入"regedit"，打开注册表。

（3）打开HKEY__CURRENT USER/Software/Microsoft/Windows/CurrentVersion/Explorer/Shell Folders，里面有Favorites一项，双击该项，在弹出的窗口中，输入想设置的路径（如D:\Favorites），单击"确定"后退出注册表编辑器，修改就完成了，以后再添加的收藏就都存放在新的目录里。

【实践与体会】

1．分别用百度和谷歌进行搜索操作，比较二者之间的特点，你喜欢用哪一个？

2．在RSS订阅软件中订阅你很关心的一种资讯，如你所在地区几天内的天气预报，这样你每天都可以第一时间获知本地区的天气情况。

3．通过搜索引擎查找国务院办公厅《关于加快电子商务发展的若干意见》、《中华人民共和国电子签名法》，了解学习其内容，并整理要点。

4．据调查，用户在网上查找信息最常用的工具是搜索引擎，其中雅虎是分类目录搜索引擎的代表，而百度则是关键字搜索的代表。试分别登陆这两个搜索引擎网站搜索"电子商务"、你自己的姓名等词条，分析各网站的搜索结果有何区别？有哪些技巧可以提高搜索的效率？

5．通过搜索引擎查找网上期刊、网上数字图书馆等相关资料，重点在于查找那些可以免费的信息提供网站。

6．在百度搜索引擎上，查询我国电子商务发展的情况，熟悉此搜索引擎的特点，并了解有何搜索技巧可以提高搜索的效率。

项目三　网络资源下载

【项目应用背景】

　　Internet就像一个大宝库，有着丰富的资源，好听的歌曲，好看的小说、电影，实用的软件等。上网时可以很容易地将这些东西拿下来放在自己的计算机硬盘上使用，不过从Internet上取回这些东西不叫"拿"，网络术语通常称为"下载"，即从网上下载文件。下载的方式有很多，应该使用哪种下载方式呢？使用何种下载方式速度更快呢？

【预备知识】

　　网络资源下载模式经历了从最原始的IE浏览器下载，到后来的利用下载工具下载，下载速度越来越快。现在网上有多种下载工具，但用户使用的下载原理是各不相同的，使用起来效果也有差别。现在网上流行的下载方式主要有HTTP方式、FTP方式及P2P方式。

　　一般的网络资源下载网站中，大部分下载采用的都是HTTP方式，所以HTTP方式是最常见的网络资源下载方式。这种方式可以通过浏览器或迅雷等软件下载。基于HTTP的Web下载方式示意图如图3.1所示。

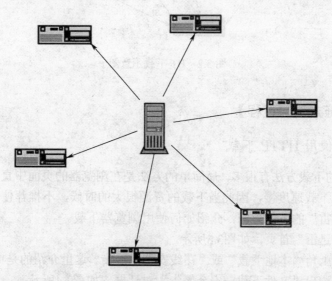

图 3.1　Web 下载方式示意图

　　FTP（File Transfer Protocol）是文件传输协议，是用于Internet的最简单的协议之一。同HTTP一样，FTP也是一种TCP/IP应用协议。FTP主要是用于将文件从网络上的一台计算机传送到另一台计算机。FTP的一个突出优点就是可在不同类型的计算机和操作系统之间传送文件，无论是PC机、服务器、大型机，还是DOS平台、Windows平台、Unix平台，只要双方都支持TCP/IP族中FTP，就可以很方便地交换文件。文件传送协议FTP只提供文件传送的一些基本的服务，它使用TCP可靠的运输服务。在FTP的工作模式中，文件传输分为"上传"（Upload ）和"下载"（Download）两种。"上传"是指用户将本地文件上传到FTP服务器上，"下载"则是指用户将远程FTP服务器上的文件下载到本地计算机上。

P2P下载方式与HTTP方式正好相反，该种模式不需要服务器，而是在用户机与用户机之间传播，也可以说每台用户机都是服务器，讲究"人人平等"的下载模式。每台用户机在下载其他用户机上文件的同时，还提供被其他用户机下载的作用，所以使用该种下载方式的用户越多，其下载速度就会越快。BT下载示意图如图3.2所示。

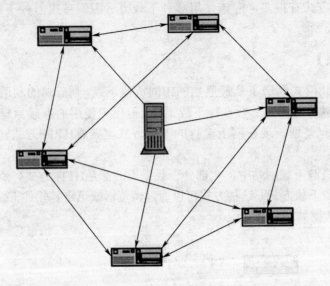

图 3.2　BT 下载示意图

【项目实施方法与过程】

任务一：使用 HTTP 下载

基于HTTP的下载方法有很多，最简单的方法是在浏览器的页面中直接单击下载超链接进行下载。但下载速度慢，因此当下载的资源很大的时候，不推荐使用浏览器直接下载。下面以"迅雷"的下载为例，介绍如何使用浏览器下载。

（1）打开"迅雷"首页，如图3.3所示。

（2）单击左上角"本地下载"或"在线安装"链接。这里介绍的是单击"本地下载"的方法，会马上弹出"文件下载—安全警告"对话框，如图3.4所示。

（3）单击"保存"按钮，打开"另存为"对话框，如图3.5所示，选择要保存的路径单击"保存"按钮开始下载文件。

图 3.3 迅雷首页

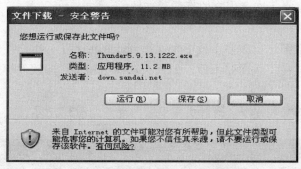

图 3.4 "安全警告"对话框

图 3.5 "另存为"对话框

（4）下载完成以后显示"下载完毕"对话框，如图3.6所示。这就是一个简单的利用浏览器下载的操作过程。

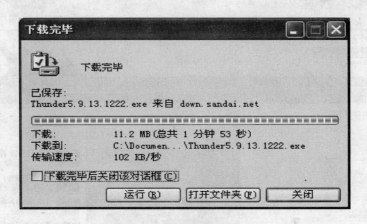

图3.6　"下载完毕"对话框

任务二：使用迅雷下载

迅雷是一款功能强大的下载软件。通过高的下载速度、强大的下载后文件管理，这款老牌的下载软件赢得了许多用户的喜爱和支持。

1. 迅雷安装

在任务一里已经把迅雷软件下载下来保存到计算机上了。用户在需要软件的时候可以首先在一些大的软件下载网站下载，如天空软件站和华军园软件等。下面开始安装迅雷软件。

（1）双击下载的安装程序，打开迅雷安装向导，如图3.7所示。

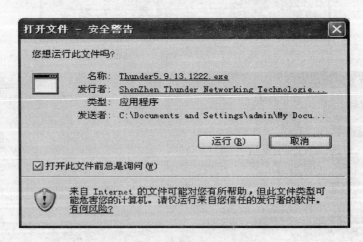

图3.7　迅雷安装向导

（2）单击"运行"按钮打开"用户使用协议"对话框，单击"是"按钮继续安装；单击"否"按钮，则安装程序结束，如图3.8所示。

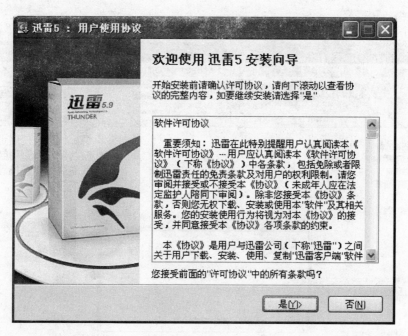

图3.8　迅雷用户许可证

（3）在"选择安装位置"对话框中，指定迅雷的安装路径，然后单击"下一步"按钮进行安装，如图3.9所示。

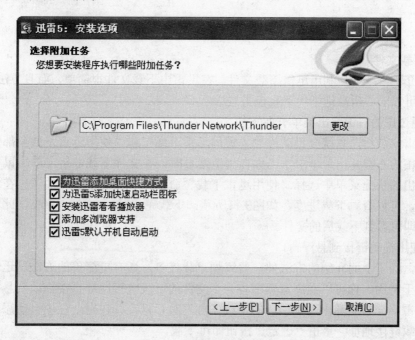

图3.9　指定迅雷安装路径

（4）安装完成以后单击"下一步"按钮，完成安装。单击"完成"按钮自动启动迅雷。迅雷下载主界面如图3.10所示。

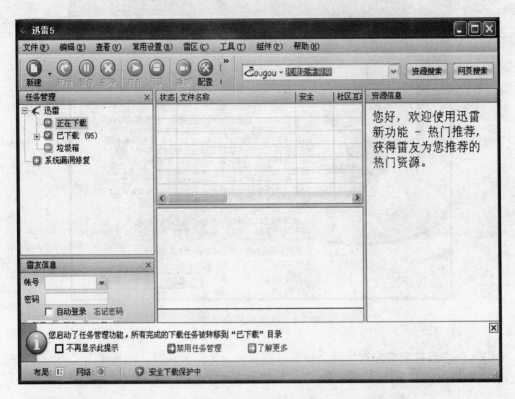

图 3.10 迅雷下载主界面

2. 下载文件

下面介绍一下如何利用迅雷下载文件。在迅雷中下载文件很简单，而且方法也很多，用户完全可以随心所欲地添加下载任务。

1）通过IE的右键弹出菜单开始下载

在迅雷安装后，系统会自动添加"使用迅雷下载"和"使用迅雷下载全部链接"两个命令到IE的右键弹出菜单中。当你在浏览网页时，在文件下载链接上单击鼠标右键，然后从弹出的快捷菜单中选择"使用迅雷下载"命令，就可以下载文件了。在迅雷的主界面窗口，可以查看下载进度，如图3.11所示；下载完成时，会显示100%，此时在已下载目录下即可看到下载后的文件。

2）使用拖动链接到悬浮窗口

其实，除了上面介绍的方法外，要添加下载任务，还有更简单的方法。迅雷的悬浮窗口要善于利用，你可以在浏览器中将一个文件的下载链接地址直接拖动到悬浮窗口。这时，迅雷就会自动弹出"添加新的下载任务"对话框，并在网址栏中自动添加你刚刚拖动的下载链接地址。单击"确定"按钮即可下载。

任务三：使用 CuteFTP 下载

网络中有很多文件都是存放在FTP服务器上的，用户对FTP服务的访问有两种形式：

（1）匿名FTP。匿名FTP允许远程用户访问FTP服务器前提是可以同服务器建立物理

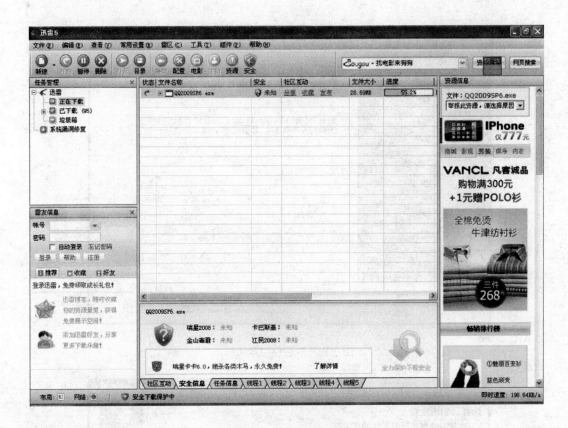

图 3.11　查看下载进度

连接。无论用户是否拥有该FTP服务器的账号，都可以使用"anonymous"用户名进行登录，一般以E-mail地址做口令。

（2）用户FTP。用户FTP方式为已在服务器建立了特定账号的用户使用，必须以用户名和口令来登录。

CuteFTP是一款图形界面的FTP客户端工具软件。其功能完善，操作方便简捷，既支持文件下载，也支持文件上传，而且支持上传、下载的断点续传。实际使用中CuteFTP更多用于文件上传，是一个非常流行的FTP工具软件。CuteFTP是一个共享软件，可以到它的主页http://www.cuteftp.com/或一些大的门户网站的下载中心去免费下载。不论通过何种途径，下载解压以后。得到的都是一个setup.exe的可执行文件。

1. 安装 CuteFTP 工具软件

（1）双击下载过来的CuteFTP安装程序，弹出欢迎使用对话框，如图3.12所示。

（2）单击"下一步"按钮，弹出软件许可对话框，单击"是"按钮，弹出目标文件夹对话框，如图3.13所示。选择要安装的目的地文件夹路径。

（3）单击"下一步"按钮，系统开始安装，安装完成后，在弹出安装完成对话框上单击"完成"按钮，关闭对话框完成安装并启动CuteFTP软件。如果你有序列号请单击"输入产品序号"，如果你想试用此软件请单击"我同意"按钮，如图3.14所示。

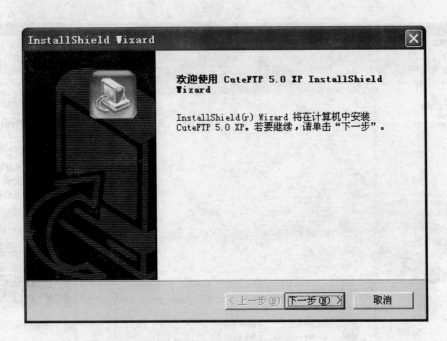

图 3.12　欢迎使用对话框

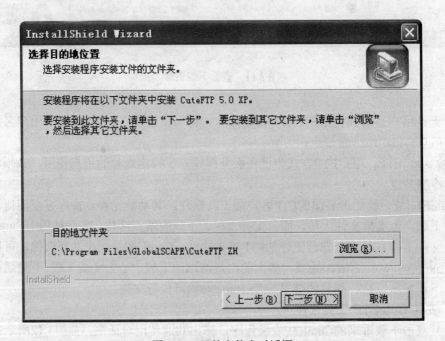

图 3.13　目的文件夹对话框

2. 配置 CuteFTP 站点

（1）打开CuteFTP界面"文件"菜单中的"连接向导"，弹出配置CuteFTP站点对话框。如图3.15所示。以连接到微软公司的FTP服务器为例，在输入框中输入go Microsoft.com，然后单击"下一步"按钮。

48

图 3.14　CuteFTP 第一次打开界面图

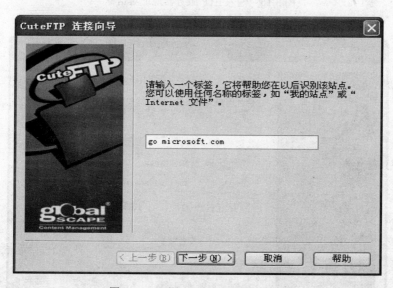

图 3.15　配置 CuteFTP 站点对话框

（2）弹出输入 FTP 服务器地址对话框，如图 3.16 所示。在服务器地址栏中，既可以输入其 IP 地址，也可以输入其域名，如 ftp://ftp.microsoft.com，然后单击"下一步"按钮。

（3）弹出输入用户名和口令对话框，如图 3.17 所示。如果选择"匿名登录"复选框，可以匿名登录 FTP 站点。如果选择"密码掩码"复选框，则必须指定对应 FTP 站点的用户名和站点密码。输入完成后，单击"下一步"按钮。

（4）弹出默认的本地目录选择对话框，如图 3.18 所示。输入或单击"浏览"按钮来选择默认的本地目录，然后单击"下一步"按钮，完成设置，可直接进入到 CuteFTP 的主界面。

图 3.16 输入 FTP 服务器地址对话框

图 3.17 输入用户名和密码对话框

3. 使用 CuteFTP 站点管理器

启动 CuteFTP 以后，首先进入站点管理器窗口，如图 3.19 所示。打开 General FTP Sites 文件夹可以看到下一级文件夹，其中 Anonymous FTP Sites 是匿名 FTP 站点文件夹，里面有很多的 FTP 站点地址，用户也可以添加自己所需的站点。利用这个窗口可以管理 FTP 站点。

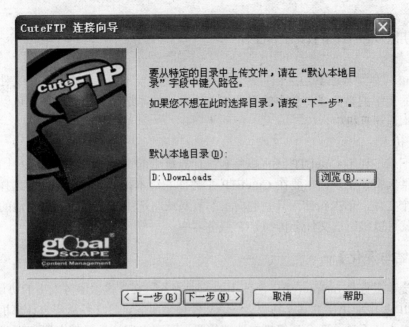

图 3.18　本地目录选择对话框

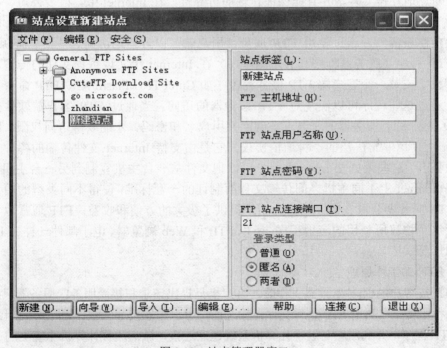

图 3.19　站点管理器窗口

（1）添加新的 FTP 站点，在站点管理窗口中，单击"新建"按钮，可以添加新的 FTP 站点。对于一般的匿名站点用户，添加新站点只需要填写"站点名称"和"主机地址"两项就可以了。

（2）连接站点，在站点管理器窗口中选择一个 FTP 地址，单击"连接"按钮开始连接站点。连接成功后，会弹出欢迎信息对话框，单击"OK"按钮就可以进入 CuteFTP 主界面开始文件的下载或上传。

4. 利用 CuteFTP 下载、上传文件

1）下载

在 CuteFTP 主界面右边远程目录信息窗口中选择要下载的一个或多个文件，单击头部工具栏的向下的箭头或将选中的文件拖动到左边的本地目录窗口中，就可以将所选文件下载到本地计算机中。

2）上传

除了下载，利用 CuteFTP 还可以将自己计算机中的文件上传到 Internet 上的 FTP 服务器上，供大家使用，只需要在 CuteFTP 主界面左边本地目录信息窗口中选择要上传的一个或多个文件，单击头部工具栏的向上的箭头或将选中的文件拖动到右边的远程目录窗口中，就可以将所选文件上传到 FTP 服务器中。

【总结与深化】

文件传输服务是 Internet 中广泛使用的一种服务。文件传输服务采用的协议是 FTP，它是 TCP/IP 集中应用层的基本协议之一。文件传输服务可将文件从一台计算机传送到另一台计算机上，无论这两台计算机在地理位置上距离多远，只要都支持 FTP，他们之间就可以随意地互传文件，并且能保证传输的可靠性，在 Internet 中，很多公司、高校和科研所等机构的主机上都含有数量众多的各种程序和文件，这就构成了 Internet 巨大而宝贵的信息资源库。通过使用 FTP 服务，用户就可以方便地访问这些信息资源。FTP 通过 FTP 程序（服务器程序和客户端程序）在 Internet 上实现远程文件的传输。在用户计算机上安装一个客户端 FTP 服务程序（如 CuteFTP、FlashFXP、FTP 命令行程序等），通过这些程序可以实现对 FTP 服务器的访问。当通过 FTP 客户端软件登录到 Internet 上的 FTP 服务器时，要求正确回答用户名和密码，才能取得访问权限。FTP 是 Internet 上使用非常广泛的一种通信协议。它是由支持 Internet 文件传输的各种规则所组成的集合，这些规则使 Internet 用户可以把文件从一台主机复制到另一台主机上。它是为在 Internet 上不同主机之间传输文件而制订的一套标准，使得不同类型的用户都可以从 FTP 服务器获取文件，因而为用户提供了极大的方便和收益。FTP 通常也表示用户执行这个协议所使用的应用程序，所以 FTP 和 Web 浏览器、电子邮件一样在 Internet 上使用广泛。

1. FTP 的工作原理

FTP 按客户端/服务器模式工作时，客户机只提出请求和接受服务；服务器只接收请求和执行服务。在利用 FTP 进行文件传输之前，用户先连接 Internet，再在本地计算机上启动 FTP 程序，并利用它与远程计算机系统建立连接，激活远程计算机系统上的 FTP 程序，而后就可以进行文件传输。这样，本地机的 FTP 程序就成为一个客户，而远程计算机的 FTP 程序则成为服务器，它们之间经过 TCP 进行通信。每次用户请求传送文件时，服务器便负责找到用户请求的文件，利用 TCP 将文件通过 Internet 传送给客户，而客户接收到文件后，便根据用户的选择，负责将文件写到用户计算机系统的硬盘上。一旦完成文件传输之后，客户程序和服务器程序便终止传输资料的 TCP 连接。FTP 会话时包含了两个通道，一个叫控制通道，一个叫数据通道。控制通道是和 FTP 服务器进行沟通的

通道，连接 FTP，发送 FTP 指令都是通过控制通道来完成的。数据通道则是和 FTP 服务器进行文件传输或者列表的通道。

FTP 中，控制连接均由客户端发起，而数据连接有两种工作模式：PORT 模式和 PASV 模式。

（1）PORT 模式（主动方式）：FTP 客户端首先和 FTP Server 的 TCP 21 端口建立连接，通过这个通道发送命令，客户端需要接收数据的时候在这个通道上发送 PORT 命令。PORT 命令包含了客户端用什么端口（一个大于 1024 的端口）接收数据。在传送数据的时候，服务器端通过自己的 TCP 20 端口发送数据。 FTP 服务器必须和客户端建立一个新的连接用来传送数据。

（2）PASV 模式（被动方式）：在建立控制通道的时候和 PORT 模式类似，当客户端通过这个通道发送 PASV 命令的时候，FTP 服务器打开一个位于 1024 和 5000 之间的随机端口并且通知客户端在这个端口上传送数据的请求，然后 FTP 服务器将通过这个端口进行数据的传送，这个时候 FTP 服务器不再需要建立一个新的和客户端之间的连接传送数据。

2. P2P 模式

P2P（Peer-to-Peer）即所谓的"点对点"，这种模式在 Internet 刚刚诞生时就已经有了，而且当时的 Internet 就是一个 P2P 结构的大网络。人们之间完全是以"点对点"方式通信的，根本不存在现在所谓的 Server 和 Client，这可以看作是 P2P 最原始的形势。经过几十年的发展，Internet 上的资源逐渐丰富起来，并呈现爆炸式增长的态势。而与此同时，资源的流向却趋于集中化，大量公开的资源以所谓的 Server 形式在 Internet 上提供，网络应用也多以集中化方式提供服务，如 Web、FTP 等。不可否认，这种集中化的发展大大促进了 Internet 的普及与应用，成就了今天 Internet 的神话。然而，在这个唯一全球互连的网络上，集中化的方式使服务缺少个性，并充满着浓烈商业气息，人们每天机械地访问几个熟悉的门户网站的 Web Server，去 Mail Server 上收发 E-mail，到各种 FTP Server 去下载文件，就连人们喜欢的 ICQ、QQ 等即时通信也是基于典型的 Client/Server 模型。今天的 Internet 已经完全"笼罩"在 Server 的控制中。不否认 Server 对于 Internet 发展的重要贡献，因为"网络社会"同人类社会一样，也是由原始社会的"原始的民主"慢慢发展到"封建专政"，最后还会慢慢过渡到现代的民主，整个过程是在进步的。但应该看到，Server 集中式的服务方式有许多技术弊端。一个最主要的问题就是资源无法得到充分利用。Internet 最大的特点是全球互连，在 Internet 上最大的资源拥有者不是 Server 而是 Client。可以说 Client 才是 Internet 的主体。有资料统计，全球 Server 提供的资源加在一起还不足 Internet 资源总量的 1%。也就是说最多最好的资源实际上是存在于每一个人的 PC 中。随着硬件水平的发展，现在的 PC 无论是性能还是功能已经远远超越了原先对 PC 的定义。许多 PC 可以提供大容量的存储能力和高速的计算能力。人们迫切希望能打破 Server 的垄断，在 Internet 上拥有属于自己的空间。P2P 技术正是基于这个目标而诞生的。

P2P 技术不同于前面所说的基于 Server 的应用技术，它是基于 P2P 拓扑结构发展起来的一项新型网络通信技术。从诞生之日起，P2P 的宗旨就是要打破 Server 垄断，提供 Server 所不能提供的功能，弥补 Server 的不足，并充分利用和丰富现有的 Internet 资源。

也就是说 P2P 不是要从根本上废除 Server，在相当长的一段时间内，会与 Server 并存而共同发展。因此，从技术上讲，P2P 技术一般都是基于成熟的 TCP/IP 的，并且借鉴 Server 应用中许多成熟的技术。从层次上划分，P2P 应该属于网络应用层技术，与 Web 和 FTP 等应用是并列的。然而，P2P 技术又比这些应用要复杂的多。

P2P 非常强调一个词：Serverless。Serverless 的提出意味着 P2P 技术将 Internet 服务提供方式划分为三种：完全基于 Server（Server-based），少量借助 Server（with-Server），完全脱离 Server（non-Server）；P2P 主要面向后两种情况。微软对 Serverless 这个词的解释是："No server, but works better with server"。这或许是对 Serverless 概念比较精妙的概括。"少量借助 Server"这种方式是现在比较常见的 P2P 解决方案。这种方式的一个主要特点是 Server 的功能已经远远退化，一般只作为 Index Server 使用，提供所有 Peer 以及之上各种文件列表查找索引服务。"完全脱离 Server"方式是 P2P 研究的重点和难点，也是 P2P 技术最终的目标。这种方式完全不需要 Server 的存在，所有 Peer 都是平等的，在 P2P 网络中所有的资源按照某种规则共享，同时任何 Peer 可以在任何时候在任何地点加入到某个 P2P 网络群体中，而这一切都根本不需要 Server 的配合和支持。

3. BT 下载

在前几年 BT 曾经是最热门的下载方式之一，它的全称为"bittorrent"简称"BT"，中文全称"比特流"，但很多朋友将它戏称为"变态下载"。

就 HTTP、FTP 等下载方式而言，一般都是首先将文件放到服务器上，然后再由服务器传送到每位用户的机器上，它的工作原理如图 3.1 所示。因此如果同一时刻下载的用户数量太多，势必影响到所有用户的下载速度，如果某些用户使用了多线程下载，那对带宽的影响就更严重了，因此几乎所有的下载服务器都有用户数量和最高下载速度等方面的限制。很明显，由于上述的原因，即使你使用的是宽带网，通常也很难达到运营商许诺的最高下载速度，这里面固然有网络的原因，但与服务器的限制也不无关系。正因如此，BT 下载方式出现之后，很快就成为了下载迷们的最爱。

BT 服务器是通过一种传销的方式来实现文件共享的，它的工作原理如图 3.2 所示。举个例子来说吧，例如 BT 服务器将一个文件分成了 N 个部分，有甲、乙、丙、丁四位用户同时下载，那么 BT 并不会完全从服务器下载这个文件的所有部分，而是根据实际情况有选择地从其他用户的机器中下载已下载完成的部分。例如甲已经下载了第 1 部分，乙已经下载了第 2 部分，那么丙就会从甲的机器中下载第 1 部分，从乙的机器中下载第 2 部分，当然甲、乙、丁三位用户也在同时从丙的机器中下载相应的部分，这就大大减轻了 BT 服务器的负荷，也同时加快了丙的下载速度，也就是说每台参加下载的计算机既从其他用户的计算机上下载文件，同时自身也向其他用户提供下载，因此参与下载的用户数量越多，下载速度也越高。

【实践与体会】

1. 下载 FlashGet 软件，然后参照迅雷的下载方式进行下载，比较二者之间的特点，你喜欢用哪一种下载软件？

2. 直接从网页上下载软件有哪些方便之处？有什么缺点？

3. 使用 CuteFTP 软件下载 FTP 服务器上的文件（假如 FTP 站点地址为

ftp://ftp.pku.edu.cn）。体会用 FTP 软件下载有什么好处？

4．使用 BT 软件从 Internet 上下载文件，并比较它与 FlashGet 下载的不同。

5．关于网络音乐下载的话题一直受到全球各界关注。有人说"MP3 有理，下载无罪"，也有人说世界上没有免费的午餐，要想下载网络音乐作品就必须支付一定的费用。那么，当网友在线下载一首自己喜欢的歌曲时，到底应该是支付费用还是免费下载呢？

项目四　收发电子邮件

【项目应用背景】

将文字或图片传输给对方的传统方法主要通过邮局进行投寄，在时间上带来很大的滞后性，传真设备的出现，解决了这一问题，但传输的质量与设备的投入及消耗材料的费用支出仍然不令人满意。

日常工作与生活中，人们之间的信息交流主要有：写信与回信、发送文本文件或图片文件。随着计算机技术的出现，很多信息均以磁盘文件的形式存放在磁盘上。如何将人们即时输入的信息与存放在计算机磁盘上的文件传输给对方，电子邮件工具可以很完美地解决下列问题：

1. 以写信的方式传输给对方。
2. 以回复的方式给对方回信。
3. 一批相同内容的文本发给不同的收信者。
4. 以附件的方式发送磁盘文件。
5. 收到信件后，自动回复给发信者。
6. 建立通信录。
7. 信件管理。
8. 加密发送。

【预备知识】

电子邮件简单地说就是通过Internet来邮寄的信件。电子邮件的成本比邮寄普通信件低得多；而且投递无比快速，不管多远，最多只要几分钟；另外，它使用起来也很方便，无论何时何地，只要能上网，就可以通过Internet发电子邮件，或者打开自己的信箱阅读别人发来的邮件。

电子邮件在Internet上发送和接收类似于日常生活中邮寄包裹：当要寄一个包裹的时候，首先要找到任何一个有这项业务的邮局，在填写完收件人姓名、地址等之后包裹就寄出，而到了收件人所在地的邮局，那么对方取包裹的时候就必须去这个邮局提供身份证明才能取出。同样，在发送电子邮件的时候，这封邮件是由邮件发送服务器（任何一个都可以）发出，并根据收信人的地址判断对方的邮件接收服务器而将这封信发送到该服务器上，收信人要收取邮件也只能访问这个服务器才能够完成。

在Internet中，电子邮件地址的格式是：用户名@域名。由三部分组成，第一部分"用户名"代表用户信箱的账号，对于同一个邮件接收服务器来说，这个账号必须是唯一的；第二部分"@"是电子邮件地址的专用标识符；第三部分"域名"是指用户信箱的邮件接收服务器域名，用以标志其所在的位置。如student@163.com，就类似于信箱student放在"邮局"163.com里。当然这里的邮局是Internet上的一台用来收信的计算机，当收信人取信时，就把自己的计算机连接到这个"邮局"，打开自己的信箱，取走自己的信件。电子邮件的英文就是E-mail，很多人的名片上就写着类似这样的联系方式：E-mail:guest@163.net。

电子邮件一般在计算机上使用，也可以在手机上使用。在计算机上使用电子邮件有两种方式：使用浏览器、使用邮件客户端软件。通常在自己的计算机上才使用邮件客户端软件，在网吧或其他情况下，则可以通过浏览器查看邮件。

目前，用于收发电子邮件的软件有很多，为大家所熟知的有微软公司的Outlook Express、中国人自己编写的FoxMail、Netscape公司的Mailbox、Qualomm公司的Eudora Pro等。Outlook Express是集成到微软操作系统中的默认邮件客户端程序。由于它是免费集成的软件，所以在易用性和用户数量上占有一定优势；同时，它简单易学，即使不熟悉计算机程序也能较快学习使用。Foxmail是由中国人张小龙开发的一款优秀的电子邮件客户端，具有强大的电子邮件管理功能。目前有中文（简繁体）和英文两个语言版本。2005年3月16日被腾讯收购后推出能与Foxmail客户端邮件同步的基于Web的foxmail.com免费电子邮件服务。

假设用户想发送一封电子邮件给朋友，首先要求有一个电子信箱，可以根据实际情况选择下列任一种方法建立电子信箱。

（1）在万维网上登记注册免费电子信箱。

（2）向某ISP Internet服务提供者申请注册与登记电子信箱。

然后可以通过Web的方式在线发送邮件；或者通过Outlook Express、Foxmail等电子邮件客户端软件发送邮件。而该用户的朋友则可以直接通过Web的方式接收该用户发送给他的邮件；或者通过电子邮件客户端软件接收邮件，不过使用电子邮件客户端软件收发邮件需要用户事先对这些软件进行初始化配置。

【项目实施方法与过程】

任务一：申请电子邮箱

以申请一个免费邮箱为例，通过126网易免费邮进行申请。

（1）打开IE浏览器，在地址栏中输入地址http://www.126.com/，回车后进入126网易免费邮首页，如图4.1所示。

（2）在126网易免费邮首页，单击"立即注册"，进入注册新用户页面，如图4.2所示。填写相关信息后，确认创建账号即可。

（3）登陆刚刚申请的邮箱，如图4.3所示。

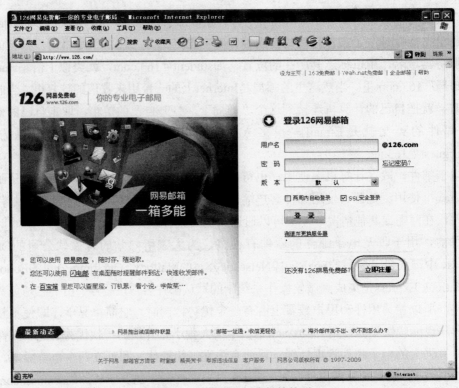

图 4.1　126 网易免费邮箱首页

图 4.2　注册新用户

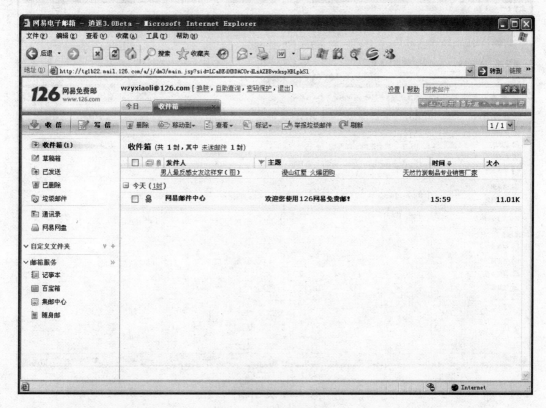

图 4.3　126 邮箱界面

任务二：通过 Web 方式使用电子邮箱

（1）登陆邮箱后，单击"写信"，在如图4.4所示的窗口输入收件人地址、主题及邮件内容，单击"添加附件"，在计算机上找到相应的相片文件，添加到邮件中。然后单击"发送"，即可将邮件发送出去。

（2）接收邮件的人只需要在IE浏览器下访问自己免费电子邮箱的主页，用他的账号和密码进入免费电子邮箱，在"收件箱"中即可查看是否有新邮件，双击该邮件的主题可查看邮件内容。附件中的相片文件，可双击文件名直接打开查看或者下载到本地计算机上。

（3）当收到若干电子邮件却无法即时处理时，为了避免发邮件方不知道是否收到信件，则可以编辑并启动自动回复功能。自动回复启动后，当收到新邮件时，邮箱将会自动回复一封预先设置好的文字内容E-mail到对方的邮箱。设置自动回复的方法如下：

（1）打开"选项"页面，如图4.5所示，单击"自动回复"。

（2）在打开的自动回复设置页面，是否使用那里选择"启用"；回复内容中输入要自动回复的信件内容，如图 4.6 所示。单击"确定"按钮，完成设置；启用自动回复功能时，收到别人的发信时，就会把"回复内容"作为一封信件自动回复给对方。

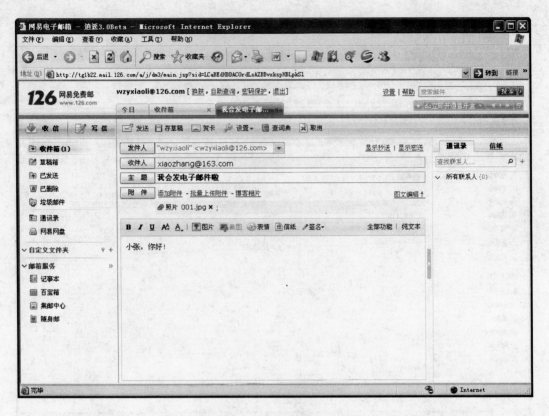

图 4.4　发送邮件

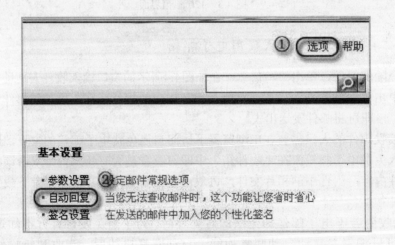

图 4.5　基本设置

任务三：通过 Outlook Express 发送电子邮件

1. 初始化设置

（1）打开Outlook Express，依次单击"工具"→"账户"→"属性"→"添加"→"邮件"，如图4.7、图4.8所示。

图 4.6　启用自动回复

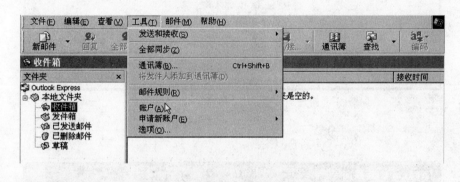

图 4.7　工具菜单

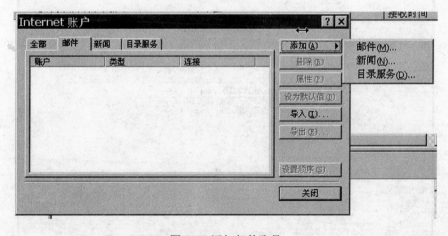

图 4.8　添加邮件账号

（2）输入邮件用户显示名、E-mail地址，如图4.9、图4.10所示。

（3）输入邮件服务器地址，地址可以在网络上查找获取。查到的126邮箱的邮件服务器地址图4.11所示。图4.12所示为电子邮件服务器。

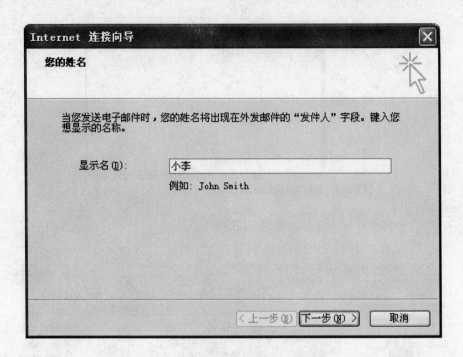

图 4.9　输入用户名

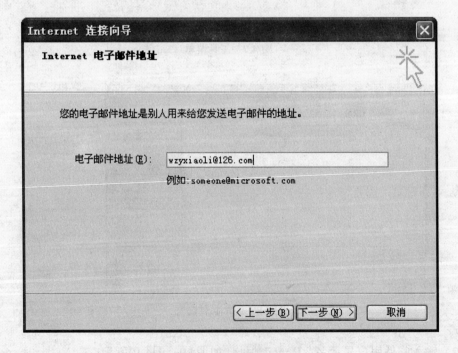

图 4.10　输入邮件地址

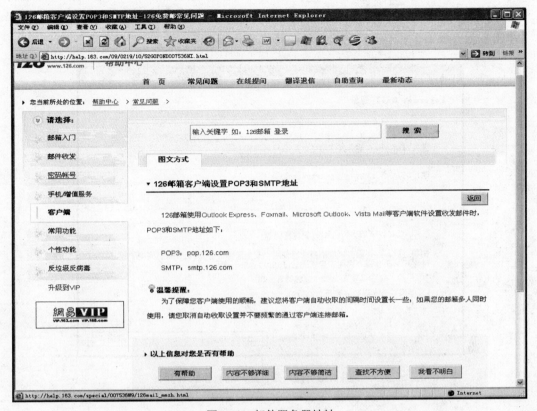

图 4.11　邮件服务器地址

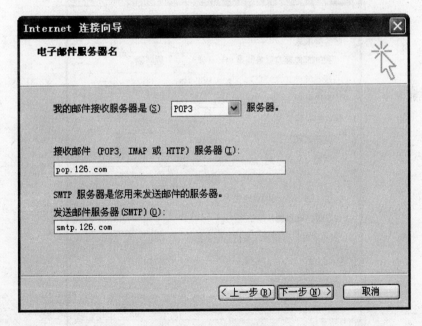

图 4.12　电子邮件服务器

　　（4）输入邮件账号、密码，如图4.13所示。为了安全，密码也可以不输入，待接收邮件时输入。

（5）设置服务器，完成配置，如图4.14所示，选中"我的服务器要求身份验证"选项，并单击右边"设置"标签，选中"使用与接收服务器相同的设置"。

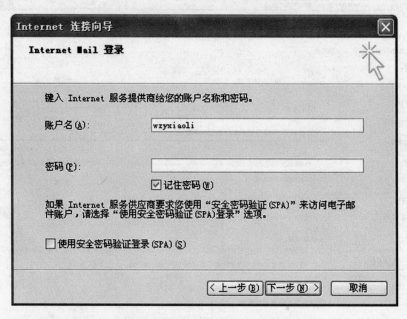

图 4.13　输入邮件账户名、密码

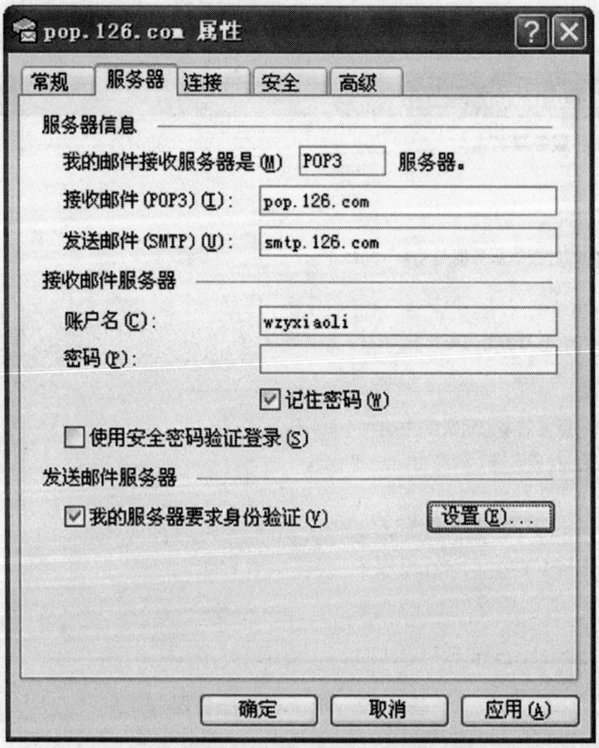

图 4.14　设置服务器

（6）如果希望在服务器上保留邮件副本，则在账户属性中，单击"高级"选项卡。勾选"在服务器上保留邮件副本"，如图4.15所示，此时下边设置细则的勾选项由禁止（灰色）变为可选（黑色）。

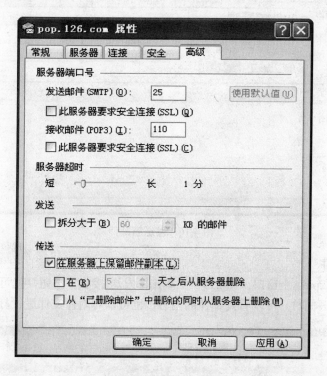

图 4.15　高级选项

2. 发送电子邮件

打开Outlook Express，单击新邮件，输入收件人的E-mail地址，如果有多个收件人，E-mail地址间也可以用"，"或"；"隔开，注意，必须用半角的符号。邮件主题可以写，也可以不写，为了使收件人能一目了然，建议还是写邮件主题。单击"附件"按钮，找到本地计算机上的文件，插入附件即可。邮件写好后，单击"发送"按钮就可以发送了，如图4.16所示。

需要说明的是，许多邮箱除了对邮箱大小进行一定限制外，也对附件文件大小有一定的限制，如果附件太大，建议压缩后发送，如果还是太大，可以用其他方法发送，比如用QQ发送。电子邮件除文本信息外，还发送下列附加文件：

（1）字处理软件包生成的*.doc文件。

（2）Excel电子表格软件包生成的*.xls电子表格文件。

（3）图形软件生成的图形文件。

（4）由扫描仪生成的图像文件。

（5）CD光盘上的数字音频文件（一小段音乐或歌曲）。

（6）某个短小的视频文件。

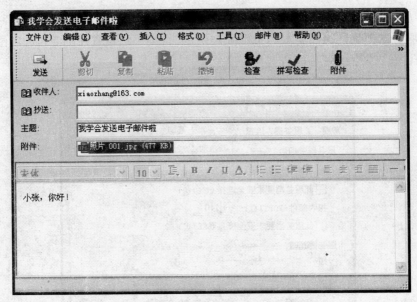

图 4.16　发送新邮件

3．接收邮件

在Outlook Express主窗口（图4.17）上单击"发送/接收"按钮，就可以自动接收邮件，邮件收到后，打开邮件，可以看到邮件的内容，也可以对附件文件进行打开、另存等操作。

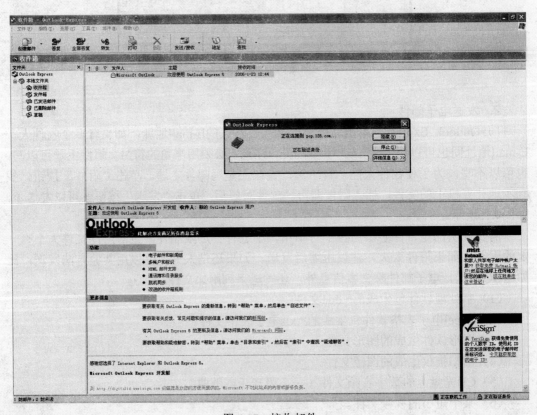

图 4.17　接收邮件

4. 回复电子邮件

选择收件箱中任一封邮件，双击打开该邮件；选择工具栏的"答复"按钮，进入答复邮件窗口；输入答复正文，单击 "发送"，邮件即可发出。

5. 在 Outlook Express 通讯簿中添加联系人

在Outlook Express主窗口上，单击工具栏上的"地址"按钮，弹出"通讯簿"对话框。单击"新建"按钮，选择"新建联系人"，在对话框中对应输入相应信息，如联系人的姓名、联系人的电子邮件地址等；其他内容可以根据实际需要输入。单击"确定"按钮就可以将刚才输入的信息添加到"联系人"窗格中，使用相同的方法再将其他同学也添加到"联系人"中，这样添加的联系人姓名将出现在Outlook Express窗口左下角的"联系人"中。当需要发送一封新邮件时，只要在Outlook Express窗口左下角的"联系人"窗格中，双击联系人的"姓名"，即可弹出"新邮件"窗口，而联系人的"姓名"被添加到"收件人"文本框中，写完邮件内容后单击"发送"按钮，电子邮件就发送给联系人了。

6. 垃圾邮件的处理

由于现在垃圾邮件泛滥，上网者不堪其扰，因此可以通过"阻止发件人"拒收邮件，或者可以设置一定的规则进行垃圾邮件的过滤，建立规则过滤垃圾邮件如图4.18所示。

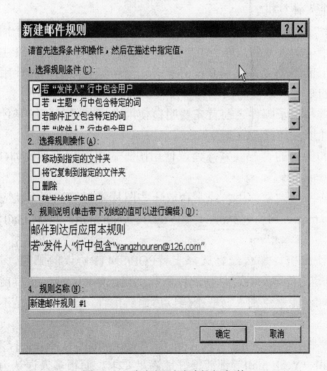

图 4.18　建立规则过滤垃圾邮件

【总结与深化】

电子邮件服务是目前Internet上最基本的服务项目和使用最广泛的功能之一。Internet用户都可以申请一个自己的电子信箱，通过电子邮件来实现远距离的快速通信和传送信息资料。使用电子邮件通信具有简便、快捷、经济、联络范围广的特点，不仅可以传送文本信息（发送、接收信件），还可以传送图像、声音等各种多媒体文件。通过它用户能够快速而方便地收发各类信息，如公文文件、私人信函和各种计算机文档等，因此电子邮件成为Internet上使用频率最高的一种服务。

每份电子邮件的发送都要涉及到发送方与接收方，发送方通过邮件客户程序，将编辑好的电子邮件向邮局服务器（SMTP服务器）发送。邮局服务器识别接收者的地址，并向管理该地址的邮件服务器（POP3服务器）发送消息。邮件服务器将消息存放在接收者的电子信箱内，并告知接收者有新邮件到来。接收者通过邮件客户程序连接到服务器后，就会看到服务器的通知，进而打开自己的电子信箱来查收邮件。这里的SMTP（Simple Mail Transfer Protocol）主要负责底层的邮件系统如何将邮件从一台机器传至另外一台机器。POP（Post Office Protocol）是把邮件从电子邮箱中传输到本地计算机的协议，目前的版本为POP3。

通常Internet上的个人用户不能直接接收电子邮件，而是通过申请ISP主机的一个电子信箱，由ISP主机负责电子邮件的接收。一旦有用户的电子邮件到来，ISP主机就将邮件移到用户的电子信箱内，并通知用户有新邮件。因此，当发送一条电子邮件给另一个客户时，电子邮件首先从用户计算机发送到ISP主机，再到Internet，再到收件人的ISP主机，最后到收件人的个人计算机。

ISP主机起着"邮局"的作用，管理着众多用户的电子信箱。每个用户的电子信箱实际上就是用户所申请的账号名。每个用户的电子邮件信箱都要占用ISP主机一定容量的硬盘空间，即硬盘上的一个文件（夹），由于这一空间是有限的，因此用户要定期查收和阅读电子信箱中的邮件，以便腾出空间来接收新的邮件。

在选择使用哪种电子邮件之前首先要明白使用电子邮件的目的是什么，根据自己不同的目的有针对性地去选择。

如果是经常和国外的客户联系，建议使用国外的电子邮箱。比如Gmail、Hotmail、MSN mail、Yahoo mail等。

如果是想当作网络硬盘使用，经常存放一些图片资料等，那么就应该选择存储量大的邮箱，如Yahoo mail、网易163 mail、126 mail、yeah mail、TOM mail、21CN mail等都是不错的选择。

如果自己有计算机，那么最好选择支持POP/SMTP协议的邮箱，可以通过Outlook Express、Foxmail等邮件客户端软件将邮件下载到自己的硬盘上，这样就不用担心邮箱的容量不够用，同时还能避免别人窃取密码以后偷看信件。当然前提是不在服务器上保留副本。

如果经常需要收发一些大的附件，Gmail、Yahoo mail、Hotmail、MSN mail、网易163 mail、126 mail、Yeah mail等都能很好地满足要求。而很多人误认为附件一定要大，其实一般来说发送一些资料附件都不超过3MB，附件大了以后可以通过WinZIP、WinRAR等软件压缩以后再发送。但还有一个不容忽视的问题是发信方邮箱支持大的附件，收信方的邮箱是否也支持大的附件呢？如果发信方能发送大的附件而收信方的邮箱不支持接受大的附件，那么发信方的邮箱能支持再大的附件也毫无意义。

其实目前很多人是根据自己最常用的IM即时通信软件来选择邮箱，经常使用QQ就用

QQ邮箱，经常用雅虎通就用雅虎邮箱，经常用MSN就用MSN邮箱或者Hotmail邮箱，当然其他电子邮件地址也可以注册为MSN账户来使用。

对于普通用户来说，进行电子邮件收发操作主要有以下几个内容：

1. 申请免费电子邮箱

在浏览器的地址栏上输入提供免费电子邮件服务的某个网站地址，找到主页上与"免费电子邮局"链接的文字或图片，进入邮局申请一个邮箱。通常在申请邮箱时要填写姓名、密码、性别、职业等信息，如邮局中已有相同注册名称时，申请不能完成。申请成功后，记录邮箱的地址和密码。

2. 通过 Web 收发电子邮件

（1）发送邮件：启动浏览器，访问申请了免费邮箱的网页，用自己的账号和密码登陆后，在Web界面发送新邮件，收件人地址指定为上一步骤中自己申请的免费电子邮箱或同学的电子邮件地址，输入主题，在正文区中输一些文字，并在邮件中添加附件，然后发送该邮件。

（2）接收邮件：启动浏览器Internet Explorer，访问申请了免费电子邮箱的主页，用自己的账号和密码进入免费电子邮局，如果上一步收件人地址为自己的邮箱，从"收件箱"中查看是否有新邮件，双击该邮件的主题，即可查看邮件内容和附件。

（3）管理邮件：比如将某人的电子邮箱加入通信录，并按老师、同学、朋友分类设置通信录；删除收件箱中的不需要保留的邮件；设置来信分类对邮件进行过滤；设置自动回复使寄信方及时知道是否收到信件等。

3. 利用 Outlook Express 收发邮件

1）在Outlook Express中添加免费邮箱的账号

其配置过程中主要是配置发送邮件的服务器和接收邮件的服务器，许多免费的邮件服务网站提供的接收邮件服务器（POP3）地址和外发邮件服务器（SMTP）地址需要去相应的网站，从邮件申请的"帮助"中查找。配置完成后的对话框如图4.19所示。

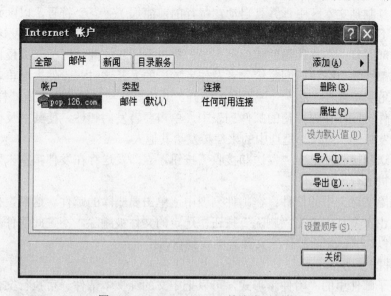

图 4.19　Outlook Express 的账户对话框

如果要修改已有的邮件账号的相关信息，则在账号列表中选定该邮件账号，单击"属性"按钮，在弹出的"属性"对话框中，修改账号的相关属性。

2）新建邮件

单击Outlook Express窗口"新邮件"按钮，出现一个包括固定栏目空白的新邮件窗口。在"收件人"栏里填上收件人的电子邮件地址，如果同一内容的信要发给其他人，可在"抄送"栏里填上其他人的地址。抄送人的地址会自动加到每一封信的信头信息中。如果不想让其他人知道此信抄送给哪些人，可在"密件抄送"框里键入那些人的地址。"主题"栏内一般可用简单的词标明此信的要旨，便于收信人识别，主题也可以不填写。下面的大空框类似文字编辑窗口，输入信件内容。

对于初学用户，不要使用默认特殊的HTML格式邮件，因为收信人不一定使用IE，而其他软件可能不能正确显示信件。一般可以利用单击"格式"菜单，在弹出的下拉菜单中单击"纯文本"选项，设置成纯文本信件。

信写好后，单击工具里的"发送"按钮，如果已上网，则立刻发送刚写好的信；如未上网，则自动把信先存到待发的文件夹"发件箱"中，可继续写其他信，直到把所有要发的信都存到发件箱里。

如果出现发不出信，收到的是退信或收到一封包括乱码的信，可能在软硬件设置上出了问题。

3）来信处理

对于来信的处理，要养成每次收信都及时整理信件的好习惯，例如每天都打开一次电子信箱，因为别人给你的信件都随时存在为你服务的ISP主机上。若要想看到信件，只有主动与主机连网后，才可以阅读或下载到自己的计算机上。上网后，执行邮件服务程序，如果有新邮件，会自动传送到你的计算机上。

（1）回信：在"收件箱"的邮件列表中，单击要回复的邮件，使其成反白显示，然后单击"回复作者"按钮，屏幕弹出"回复"窗口。此时，收件人地址已经自动写好，来信内容也复制到文本区中，并且自动在每行的前面加了"＞"符号，以区别你回复的内容。如果不需要原信，可以删掉。然后输入要回复的邮件正文，单击"发送"即可。

（2）全部回复：在收件箱的邮件列表中，单击要回复的邮件，使其成反白显示，然后单击"全部回复"按钮，回复给作者及作者抄送的人。这时，收件人框里若有多个姓名，可用半角字符分号"；"（或逗号）隔开。其他操作与"回复作者"一样。

（3）邮件转发：在收件箱的邮件列表中，单击要转发的邮件，使其成反白显示，然后单击"转发邮件"按钮，把选中的来信转发给其他人。

（4）发送和接收：单击"发送和接收"按钮，立即发送存在发件箱中未发出的信，同时检查主机上有无新邮件。

（5）删除文件夹中的信件：在邮件列表中，单击要删除的邮件。这时，按钮上的叉子图形颜色由灰变红，单击"删除"按钮，选定的文件被删除。不过此信件并未真的被删除，还可以在"已删除邮件"文件夹中找到它。

4）附件的使用

利用电子邮件里的"附件"形式，可以把中文的纯文本信件、可执行文件、数据文件、图像文件和声音文件等，都以原样寄出，只要对方有相应的软件处理它就可以阅读。

邮件正文最初被设计只用来传输英文的纯文本文件，在正文中发寄中文信件，若对方无中文系统支持，则不能正常阅读，这时可以利用电子邮件里的"附件"形式，原样寄出，即使对方无中文浏览软件支持，也可以轻松地收阅你的中文信件。

在信中插入附件的方法是：

（1）单击"插入"菜单中的"附件"项，出插入"附件"对话窗口。

（2）选择要插入的文件，单击"附加"按钮。

这时，在邮件的正文下方增加了一个新的附件区框，里面显示所加附件的图标，同时在文件名前出现一个回形针图标。由于用户的电子信箱的附件一般都有大小的限制，所以附件文件不能太大，否则对方无法接收。一般的图像或声音文件比文本文件要大得多，因此发送或接收带有附件的信件要花费较多的传送时间，用压缩文件的形式作附件是一个好的解决办法。

5）管理通讯簿

在发送邮件时，如果每次都输入邮件地址非常不方便，而且容易因输入错误使邮件不能正确发送。目前的电子邮件程序都提供了通讯簿，用户可以将经常联系的电子邮件地址存放在通讯簿中，发送邮件时可以直接取出并使用。Outlook Express 本身就附带了一个非常优秀的通讯簿，可以使用多种方式将电子邮件地址和其他联系人信息添加到通讯簿中：

（1）手动将联系人添加到通讯簿；在 Outlook Express 工具栏上单击"地址"按钮，或者在窗口菜单下依次单击"工具"→"通讯簿"。在通讯簿中选择准备添加联系人的文件夹，然后依次单击"新建"→"新建联系人"，输入联系人相关信息。

（2）直接从电子邮件将名称添加到通讯簿。将 Outlook Express 设置为在回信时自动将收件人添加到通讯簿。另外，每次在 Outlook Express 中发送或接收邮件时，都可以将收件人或发件人的姓名添加到通讯簿。

（3）将所有回复收件人添加到通讯。只需要在在 Outlook Express 的"工具"菜单中，单击"选项"，在"发送"选项卡上，设置"自动将我的回复对象添加到通讯簿"即可。

（4）从 Outlook Express 中将个人姓名添加到通讯簿，方法如下：正在查看或回复的邮件中，右键单击此人的姓名，然后单击"添加到通讯簿"。或者在收件箱或其他邮件夹的邮件列表中，右键单击某个邮件，然后单击"将发件人添加到通讯簿"。

6）管理邮件

Outlook Express 缺省设置是将所有接受到的邮件都存储在收件箱中。如果用户接收到的邮件较多，存储在单一文件夹中则显得十分混乱，因而通常分文件夹存储。用户可以采用手工移动或自动分拣等方法对邮件进行分拣。同时用户也可以利用 Outlook Express 的查找邮件功能查找邮件，而对于没有保留价值的邮件进行删除，以释放所占的磁盘空间。

（1）添加、删除和切换文件夹；如果要对接收的邮件进行分文件夹存储，必须知道如何管理邮件文件夹。

（2）使用"邮件规则"；选择"工具"菜单中"邮件规则"的"邮件"命令，用户就可以使用"邮件规则"将所接收到的满足条件的邮件发送到指定的文件夹中。例如，使用同一电子邮件账号的每个人都可以将它们的邮件分发到各自的文件夹中，或者将某人发来的所有邮件自动分拣到指定的文件夹中。另外也可以指定将某些邮件自动转发给通讯簿中的联系人等。

（3）移动邮件。可以将邮件移动或复制到其他文件夹，方法是：在邮件列表中，用鼠标右键单击要移动或复制的邮件，单击"移动到"或者"复制到"，然后在所示的对话框中单击目标文件夹；可以直接将邮件拖到目标文件夹。

（4）查找邮件。在邮件文件夹中查找邮件的步骤如下：在"编辑"菜单上，单击"查找"中的"邮件"，在发件人、收件人中输入尽可能多的信息以缩小搜索范围。单击"开始查找"按钮启动查找过程。查找结果出现在"查找邮件"对话框下部的列表中。

（5）删除邮件。删除邮件的方法比较简单，直接在邮件列表中，选中要删除的邮件，然后在工具栏上，单击"删除"按钮即可。如果不希望在退出 Outlook Express 时将邮件保存在"已删除邮件"文件夹中，可以单击"工具"菜单，然后单击"选项"，在"维护"选项卡上，标记"退出时清空'已删除邮件'文件夹中的邮件"复选框。

在使用电子邮件时，还要时刻注意预防邮件病毒，所谓邮件病毒是指通过电子邮件传播的病毒。一般是夹在邮件的附件中，在用户运行了附件中的病毒程序后，就会使计算机染毒。需要说明的是，电子邮件本身不会产生病毒，只是病毒的寄生场所。比如，平时在使用电子邮件时，对陌生人的电子邮件中附加的"礼品"，不要贸然打开或下载，防止计算机病毒的侵入与破坏，近来出现的"CIH"、"美丽杀手"和"爱虫"等病毒都是利用电子邮件，躲过各类安全检查，对计算机系统进行破坏；同样，用户自己也应该注意对他人的尊重和对社会的影响，不要有意将带病毒的文件发送给他人。

【实践与体会】

1. 下载Foxmail软件，然后仿照Outlook Express的设置方法进行相关设置，比较二者之间的特点，你喜欢用哪一个？

2. 在Outlook Express建立通讯簿。

3. 利用Outlook Express将学校主页上学校的图徽以附件形式同时发送给自己及多个自己的同学。

4. 在Web页上打开自己的信箱，查看带"附件"的邮件，将"附件"下载到自己的磁盘上。

5. 比较一下在网页下收发邮件及用Outlook Express收发邮件的异同，如果你是一个邮件量较大的企业，用什么方式更合适？

6. 采用Outlook Express收发邮件，邮件一旦接收到本地，远程服务器中的邮件就没有了，如果想在办公室收一次邮件，同时下班回家以后再收一次，请问如何设置？

7. 别人发给你的邮件有时会出现退信情况，假如网络正常，而且没有操作错误，请分析一下退信的原因主要是什么。如何解决？

项目五　网络即时通信

【项目应用背景】

Internet诞生于传统的电话网络，通信交流可以说是Internet天然的应用之一。电子邮件是最重要的通信交流工具，是Internet最早的交流应用。此后兴起的网络论坛和网络聊天室都是网络聊天的前身。但是，网络即时通信的真正崛起开始于ICQ；1996年7月，四位年轻的以色列人成立了Mirabilis公司，并于同年11月推出了一个被称为"ICQ"的软件，意为"我在找你"——"I Seek You"，简读成ICQ。通过一个小小的软件，实现网上寻人、在线交谈等功能，开辟了Internet上实时通信的全新应用，开辟了Internet环境中用软件实现即时通信的新途径。

随着Internet带宽的增加，性能改善和信号处理技术的提高，即时通信开始支持语音、视频和多媒体业务，其性能在不断提高，质量达到用户可以接受的水平。即时通信软件也变得更人性化，更加富有娱乐性，交互效率更高。

通过即时通信功能，可以知道亲友是否正在线上，与他们即时通信。即时通信比传送电子邮件所需时间更短，而且比拨电话更方便，无疑是网络年代最方便的通信方式，即时通信工具也成为人们使用最频繁的软件之一。

【预备知识】

1．网络即时通信

即时通信（Instant Messenger，IM），是指能够即时发送和接收Internet消息等的业务。如欲与好友或同事间传送或接收即时消息，必须先联机至网络，并且双方必须先安装即时通信软件。典型的IM是这样工作的：当好友列表中的某人在任何时候登录上线并试图通过你的计算机联系你时，IM系统会发一个消息提醒你，然后你能与他建立一个聊天会话并键入消息文字进行交流。IM被认为比电子邮件和聊天室更具有自发性，甚至能在进行实时文本对话的同时一起进行Web冲浪。

即时通信经过近几年的迅速发展，功能日益丰富，逐渐集成了电子邮件、博客、音乐、电视、游戏和搜索等多种功能。今天，即时通信不再是一个单纯的聊天工具，它已经发展成集交流、资讯、娱乐、搜索、电子商务、办公协作和企业客户服务等为一体的综合化信息平台，是一种终端连往即时通信网络的服务。即时通信不同于E-mail在于它的交谈是即时的。

即时通信软件的功能通常有：

（1）文字功能：IM软件使用者要能够对所选择的通信对象发送文字信息并能够即刻收到反馈，这是IM软件最主要的功能，也是最基本的。

（2）图形、图像功能：IM软件使用者要能够通过软件界面传送图形、图像来使通信内容更加丰富多彩。

（3）音频、视频功能：很多IM软件具有音频甚至视频通信功能，只要使用者在计算机上配置适当的设备和驱动程序，就可以相互进行语音和影像通信。这样人们不仅可以实现相互的语音聊天通信，甚至还可以播放音乐、电影片断给对方。

（4）在线查找、传送文件、留言、接发邮件及记录通信信息功能,有的IM软件还可以在网上发传呼、手机短信功能。

总之，优秀的IM软件应该保证反应即时、通信迅速、信息准确可靠、语音等多媒体信号保真度高、无中断现象，其中反应即时最重要。大容量的IM软件可以保证在线人气旺盛，也是一个重要指标。功能较强的IM软件应该具有通过服务器中转和客户之间点对点联系两种通信方式。

以应用方式为区分，对即时通信工具做如下分类和介绍：

（1）通用性即时通信工具：以QQ、MSN、Skype等为代表，这类IM应用范围广，使用人数多，并且捆绑服务较多，如邮箱、博客等，由于应用人数多，使得用户之间建立的好友关系组成一张庞大的关系网，用户对其依赖性较大，就如很多专业用户舍不得放弃使用QQ的主要原因就是不能放弃多年来建立的QQ好友以及由好友关系建立的关系网。通用性即时通信工具属于网络营销利益主体外第三方运营商提供的服务，具有寡头垄断地位，进入门槛高，后来者难以与已经成熟的市场主导者抗衡。

（2）专用型即时通信工具：以阿里旺旺、慧聪发发、移动飞信、联通超信、电信灵信等为代表，这类即时通信工具的主要特点是应用于专门的平台和客户群体，如阿里旺旺主要应用阿里巴巴及淘宝、口碑等阿里公司下属网站，移动飞信则限于移动用户之间，这类IM与固有平台结合比较紧密，拥有相对稳定用户群体，在功能方面专用性、特殊性较强，但由于应用人数主要是自身平台的使用者，所以在应用范围、用户总量方面有一定限制。应用于有稳定客户群体和专业平台，并且有相当实力的大企业。

（3）嵌入式即时通信工具：如53客服等在线客服软件，这里即时通信工具主要特点是嵌入网页中，并且不需要安装客户端软件，直接通过浏览器就能实现沟通，这里软件适合企业网站的使用，配备特定的客服人员对用户需求进行满足，是传统客服、客服热线功能的延伸和拓展，较多应用于中小企业。

从各类IM的特点，可以看出其隐含的价值，通用性即时通信工具有利于经营和积累营销关系网，专用型即时通信工具有利于激发有效需求和为交易实现提供功能性服务，嵌入式即时通信工具对中小企业保持与客户良好的关系起到关键的作用。

各种即时通信软件各有特点，但各个IM之间的用户并非彼此分离，而是存在很大程度的交叉、叠加，对各个即时通信工具来说用户具有"共享性"，在网络营销应用中，实现各个即时通信工具之间信息的互联互通，是进行即时通信工具网络营销应用的迫切需求，只有建立统一的接口标准，实现不同平台即时通信工具之间的信息互联互通，才能发挥进行即时通信工具网络营销应用的最高价值。

2. 网络即时通信

即时通信软件的出现改变了人们的沟通与交际方式。从ICQ到QQ，再到后来的MSN、网易泡泡、阿里旺旺、慧聪发发，还有中国移动的飞信、中国联通的超信、Skype等，IM工具如雨后春笋般涌现，相互之间竞争也达到了白热化，各以不同的方式、功能在网络中进行推广。

1）腾讯QQ

腾讯QQ是中国最早的即时通信软件开发商，凭着领先的技术，完善的功能占据了多年国内IM市场龙头的位置，人性化、个性化的功能也使得更多的用户选择了它。腾讯QQ凭借着完善的功能、日趋精湛的人性化界面、个性化服务和强力稳定的产品以及一直精彩演绎着前沿娱乐，强势打造信息的沟通和体验，让亿万用户选择了它。而在2004年各版本中推出的新功能上也有了很大的改进。QQ是一个娱乐性很强的IM软件，集成了图文信息即时发送与接受功能为一体的娱乐即时通信软件。

2）MSN

MSN更多的偏重于办公阶层用户，傻瓜式操控性让用户能够在最短的时间内掌握它的使用；MSN用户主要定位在公司白领间的沟通与文件传送。MSN最让人津津乐道的功能就是把汉字做成彩色的表情图片，热键设置为同样的字，就可以在聊天时候打出五彩的汉字，效果炫丽。缺点是不支持批量导入导出，可显示出的自定义表情少，只有10个；MSN最大的问题是系统的稳定性和难以登陆，曾经的海底光缆断裂事件成了无数MSN用户心中永远的痛。

3）阿里旺旺

阿里旺旺是将原先的淘宝旺旺与阿里巴巴贸易通整合在一起的新品牌，在MSN不能登陆的日子，这个大家族开始大力推荐旺旺，阿里旺旺用户年龄段为20岁～40岁，商务办公人士和白领，主要围绕商务沟通进行交流。依托强大的购物平台支撑，阿里旺旺发展势头强劲，旺旺不仅依托淘宝网，还有中文站。最重要的是他们有着强烈的培养新老用户的意识，为了回馈用户，旺旺经常推出一些回馈用户的活动来吸引人气，力度很大，比如说国内外的旅游、奖品等。

4）慧聪发发

慧聪网以前的即时通信工具是买卖通IM，现在则升级为慧聪发发，对阿里巴巴发出正面挑战。在阿里巴巴还对电子商务抱着"技术可以遮天"这种初级梦想的时候，慧聪网已经把提升客户服务放到了第一位。在网络营销的世界里"客户的需求总是最重要的。"

想想慧聪网的发展，从商情资讯起步，到网络营销的成功转型，现在发展到集合"门+路+户"为一体的全方位贸易平台，完成了传统营销模式与电子商务的对接，买卖通服务的升级、企业关怀体系的提出、线上线下营销构架的锻造……一直到全新通信工具的推出，慧聪网的每一步都给B2B市场带来了不小震撼，相信这对一直坚持粗犷型发展道路的阿里巴巴来说，也将是一个不小的冲击。慧聪发发在这里充当了急先锋的角色。

5）中国移动的飞信

飞信是中国移动推出的一款即时通信软件，用户只要在PC机上登录飞信便可以随时随地与客户沟通，对客户进行调查，用飞信发送消息可以群发，可以节省时间，提高效率，而且即使客户没有登录飞信，发出去的信息会被直接转发到客户手机上，不会出现消息发出去没有收到的现象。十分方便，而且以PC机为终端向飞信好友（客户）发送信息是完全免费的。这是公司在网络营销中和老客户沟通的主要工具之一，虽然飞信可以提供一些收费的增值服务，但是用户更喜欢使用的还是短信业务。有时候最简单的功能是最实用的。

6）中国联通的超信

联通超信是中国联通公司推出的一款综合即时通信服务，超信用户可以通过手机客户端，PC客户端、短信客户端、随时使用，快捷，便利。做网络营销的时候，利用PC客户端来跟客户沟通，不时问候一下不仅可以知道客户们的想法，还可以联络感情，在网络营销中不失为一个好办法。同样超信的PC客户端发送短信不需要付费，给网络营销过程中减少了一笔开销。但是超信的登陆服务器的时间、短信的及时到达率还有待提高，毕竟网络营销中的信息的及时性是很重要的。

7）Skype

Skype和QQ、MSN很像，是一套即时通信软件，不同的是，Skype 采取点对点交换方式，且特别增强语音传输功能，让网友不但可以透过IM交换文字信息，还可以用CD唱片的音质水准进行语音沟通，如同打电话一般，这样，人们就可以更省钱、更不费力地与自己的朋友、家人、同事通话，同时享受到前所未有的语音品质。

Skype通话不但具有非常好的音质，而且双方通话采用密码传送方式，高度安全可靠。最好的一点是，Skype无需重新配置防火墙或路由器便可正常工作。

（1）在全球范围内与其他 Skype 用户不受限地免费通电话。

（2）音质优良——比普通电话好。

（3）可以与所有防火墙、NAT和路由器一起使用——无需进行任何配置。

（4）当Skype朋友在线并且准备通话或聊天时，向用户显示朋友列表。

（5）使用起来超级简单方便。

（6）通话采用"端到端"加密，极具保密性。

（7）配合USB电话机比耳麦音质更好。

"你今天Skype了吗？"当网路电话软体Skype从"名词"变成"动词"，成为许多人每日生活中不可或缺的沟通工具，带来新的通信时代，过去简单的耳机麦克风已无法满足网友们的使用需求，琳琅满目的Skype 周边商品让使用Skype就像打电话一样方便，"Skype进化论"正在悄悄发生。

除了网内互打，你也可以透过Skype 拨打电话给只有固网电话或行动电话的朋友，这项服务称为"Skype out"，对照目前固网业者的国际电话费率，Skype out最多可节省高达88%的通话费，因此截至目前为止，Skype out在中国台湾也累积有20万付费用户。虽然Skype有这么多好处，但过去Skype周边设备就是一组简单的耳机麦克风，耳机负责收音、麦克风用来发话，而且一定要插上计算机、连上网路才行，使用上不够方便，令不少网友们仍然在观望当中。

目前Skype软件的下载次数已经超过2.5亿，用户数过亿，最高在线人数超过500万，主要的特点是在全球范围内，流行程度非常非常广。

【项目实施方法与过程】

任务一：Skype 使用

1. 下载 Skype 简体中文版

首先到http://skype.tom.com/download下载最新的Skype简体中文版，Skype能和大多数

操作系统兼容——Windows、Mac OS X、Linux及Pocket PC等。通话、聊天和文件传输可在所有类型的计算机之间进行。下载时要注意对应的版本。

2. 安装 Skype 简体中文版

双击下载的软件就可以进行软件安装了。开始安装之后，软件会提示选择所使用的语言，默认的是"简体中文"，如果需要安装为其他的语言，那么可以自行选择。在安装之前请先接受许可协议，如果不同意许可协议是无法继续安装的，如图5.1所示。选择"我同意安装"就可以开始安装了。

图 5.1 安装窗口

3. 注册为 Skype 用户

下载安装完Skype之后，可以直接在客户端注册，如图5.2所示。输入用户名、密码、

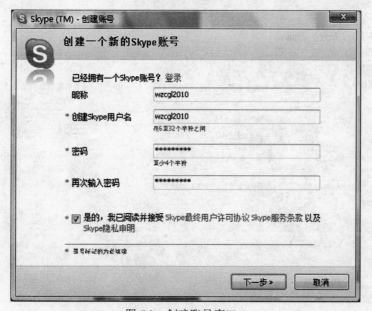

图 5.2 创建账号窗口-1

重复密码，并选择接受"Skype最终用户许可协议"，然后单击"下一步"，显示如图5.3所示窗口，输入自己的电子邮件。需要注意的是，注册Skype账户的用户名至少要有四个字符，并且以英文字母开头，不能包括空格；密码不能少于四个字符；另外，建议一定要输入正确的邮箱地址，用于将来密码万一遗忘，可以用来找回密码。

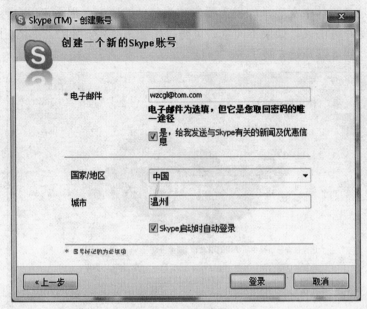

图5.3　创建账号窗口-2

单击"下一步"后，显示Skype的欢迎界面，如图5.4所示。选择"关闭欢迎界面后启动Skype"，或者双击桌面的Skype快捷方式启动如图5.5登录窗口登录，Skype启动后的主界面如图5.6所示。

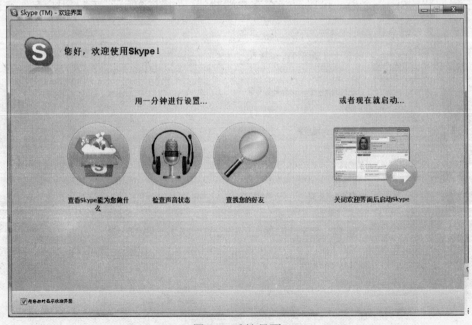

图5.4　欢迎界面

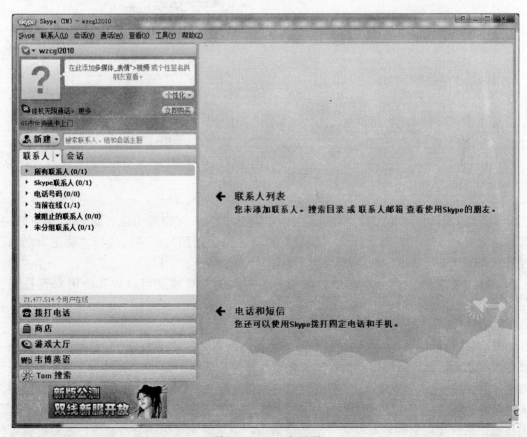

图 5.5　登录窗口

图 5.6　Skype 主界面

4. 填写用户资料

进入Skype主界面后，单击"Skype"→"个人资料"→"编辑您的资料"，此窗口中除了邮箱外，其他的个人资料都是公开的，更改昵称及其他信息如图5.7所示。

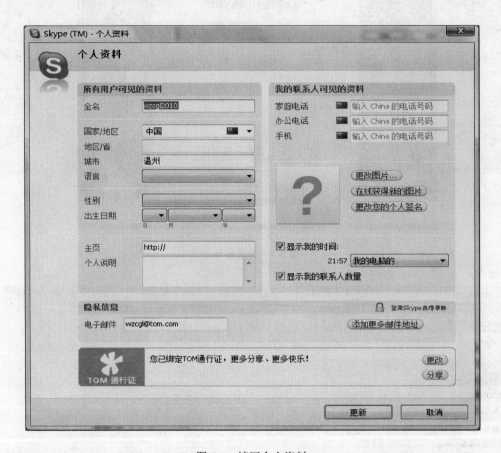

图 5.7　填写个人资料

设置Skype头像可单击左方图片右侧的"更改图片"按钮后出现如图5.8所示窗口，可直接选择相应的图片或者单击"浏览"选择本机上的图片，最后选择"确定"完成设置。

填好个人资料之后，单击"更新"，用户的个人资料就可以被其他用户查看到了。

5. 添加好友

依次单击Skype界面左上方"新建"→"新的联系人"，或单击"联系人"→"添加联系人"之后，就可以弹出一个"添加联系人"的对话框，如图5.9所示。在此处填入好友的"Skype用户名"或者"全名"或者"E-mail地址"，之后单击"查找"，如果好友3天内登陆过Skype，可以搜索到他的用户名，之后选中此用户名单击"添加Skype联系人"的按钮，系统会向您的好友发送一份验证请求，请求他通过您的身份验证，之后，就可以与好友取得联系了。

图 5.8　更换头像

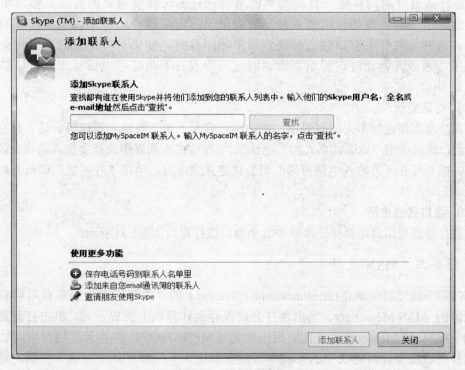

图 5.9　添加联系人

6. 发送即时消息

鼠标右键单击一位好友，菜单显示如图5.10所示。选择"发送即时消息"，输入要发送的文字或表情符号，然后按回车键或单击"发送"按钮，即时消息就会被发送出去。如果对方在线，那么他会立即收到即时消息；如果对方不在线，则消息会成为留言，在对方下次登录的时候自动发送给对方。

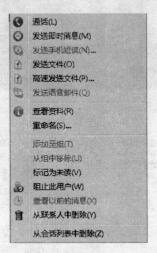

图 5.10　会话菜单

7. 呼叫好友

进行语音呼叫同样是一件很简单的事情，只需选择要通话的好友，然后单击软件界面下方的绿色电话标志或者鼠标右键单击好友，选择带有绿色电话标志的"通话"，这时，软件主窗口将会切换到用户呼叫界面。如果对方在线的话，一会儿就会通了，系统开始计时，想结束通话时，只要点右下角红色电话标志就可以结束此次通话。

8. 电话会议

此功能方便进行多人同时通话，单击客户端左上角"新建—新建组会话"建立一个新的组，然后单击"邀请联系人加入会话"，在联系人列表中选择要加入语音会议的联系人，或直接在下方输入电话号码，组会话建立完成后，单击"呼叫组"即可开始语音会议。

9. 拨打普通电话

拨打普通电话前需要保证账户中有余额，拨打窗口如图5.11所示。

任务二：MSN 使用

（1）下载安装。单击http://messenger.live.cn/上的"立即下载"按钮就可以获得最新版本的 MSN Messenger。当出现打开或保存到计算机上的提示后，单击打开就可以自动下载MSN Messenger。 在随后出现的《MICROSOFT 软件最终用户许可协议》中选择"我接受许可协议中的条款"，然后单击"下一步"、"完成"按钮，结束安装过程。

图 5.11 拨打普通电话

（2）注册登陆。如果已经拥有 Hotmail或 MSN的电子邮件账户就可以直接打开MSN，单击"登录"按钮，输入电子邮件地址和密码进行登录了。如果没有这类账户，请到http://www.hotmail.com/ 申请一个Hotmail电子邮件账户。

（3）添加新的联系人。在Messenger 主窗口中，单击"我想"下的"添加联系人"，或者单击"联系人"菜单，然后单击"添加联系人"，选择"通过输入电子邮件地址或登录名创建一个新的联系人"，下一步后输入完整的对方邮箱地址，单击"确定"后再"完成"，就成功地输入一个联系人了，这个联系人上网登录MSN后，会收到你将他加入的信息，如果他选择同意的话，他在线后你就可以看到他，他也可以看到你。重复上述操作，就可以输入多个联系人。

（4）在Messenger主窗口中，单击"联系人"菜单，指向"对联系人进行排序"，然后单击"组"，将联系人组织到不同的组中。在联系人名单的"组"视图中，右键单击现有组的名称，或者单击"联系人"菜单，指向"管理组"，就可以创建、重命名或删除组以方便查找。

（5）发送即时消息。在联系人名单中，双击某个联机联系人的名字，在"对话"窗口底部的小框中键入消息，单击"发送"。在"对话"窗口底部，可以看到其他人正在键入。当没有人输入消息时，就可以看到收到最后一条消息的日期和时间。每则即时消息的长度最多可达400个字符。

（6）保存对话（此功能需要IE6）。在主窗口中的"工具"菜单上或"对话"窗口中，单击"选项"，然后选择"消息"选项卡。在"消息记录"下，选中"自动保留对话的历史记录"复选框，单击"确定"后，就可将消息保存在默认的文件夹位置。或者单击"更改"，然后选择要保存消息的位置。

（7）更改和共享背景。在"对话"窗口中的"工具"菜单上，单击"创建背景"。

可选"使用一幅用户自己的图片"来创建背景。单击"浏览",在计算机中选择一幅图片,然后单击"打开"。从列表中选择一幅图片,然后单击"确定"。若要下载更多背景,请转到Messenger 背景网站。共享背景时,朋友会收到一份邀请,其中带有要共享背景的缩略图预览。如果朋友接受了该邀请,则 Messenger 会自动下载该背景并将其显示在朋友的"对话"窗口中。

(8)添加、删除或修改自定义图释。在"对话"窗口中的"工具"菜单上,单击"创建图释"就可以添加、删除或修改自定义图释。或者选择"对话"窗口上的"选择图释"按钮。

(9)更改或隐藏显示图片。在"对话"窗口中的"工具"菜单上,单击"更改显示图片"。或者单击"对话框"图片下的箭头,选择"更改显示图片"。从列表中选择一幅图片,然后单击"确定"。或者单击"浏览",在计算机上选择一幅图片,然后单击"打开"。

(10)设置联机状态。在 Messenger 主窗口顶部,单击用户的名字,然后单击最能准确描述状态的选项。或者单击"文件"菜单,指向"我的状态",然后单击最能准确描述状态的选项。

(11)阻止某人看见您或与您联系。在Messenger 主窗口中,右键单击要阻止的人的名字,然后单击"阻止"。被阻止的联系人并不知道自己已被阻止。对于他们来说,只是显示为脱机状态。

(12)更改您名称的显示方式。在主窗口中的"工具"菜单上,单击"选项",然后选择"个人信息"选项卡。或者在Messenger 主窗口中右键单击用户的名字,然后单击"个人设置"。在"我的显示名称"框中,键入用户的新名称,单击"确定"。

(13)使用网络摄像机进行对话。若要在MSN Messenger 中发送网络摄像机视频,必须在计算机上连接了摄像机。在对话期间单击"网络摄像机"图标,或者在主窗口中单击"操作"菜单,单击"开始网络摄像机对话",选择要向其发送视频的联系人的名称,然后单击"确定"。若要进行双向的网络摄像机对话,则两位参与者必须都安装了网络摄像机并且必须邀请对方。

(14)语音对话。您可以在 Messenger 主窗口中启动音频对话或者在对话期间中添加音频。 在 Messenger 主窗口中,单击"操作"菜单,单击"开始音频对话",然后选择要与其进行对话的联系人,或者在对话期间,单击"对话"窗口顶部的"音频"。使用"对话"窗口右侧的音量控制滑块来调整通过麦克风输入的音量以及从扬声器中输出的音量。

(15)视频会议。在主窗口中的"操作"菜单上,单击"开始视频会议",选择一个联系人,然后单击"确定"。或者,右键单击某个联系人,单击"开始视频会议",选择希望邀请参加会议的人的名字,然后单击"确定"。一旦其他人接受了邀请,就将在各自的计算机上自动启动音频和视频,但双方必须都安装了网络摄像机和头戴式耳机(扬声器或麦克风)。

(16)发送文件和照片。在Messenger主窗口中,右键单击某个联机联系人的名字,然后单击"发送文件或照片"。在"发送文件"对话框中,找到并单击您想要发送的文件,然后单击"打开"。

任务三：QQ 使用

1. 下载安装

单击http://im.qq.com/qq/页面上的"下载"按钮即可获得最新发布的QQ正式版本。若想体验最新的QQ测试版本，请进入http://im.qq.com/的"最新资讯"栏目页面下载即可。下载完毕后双击安装QQ程序。

2. 申请 QQ 账号

单击桌面上的QQ图标，已有QQ账号的直接输入账号和密码登录。没有账号的单击"注册新账号"，进入相关页面，按要求填写相关内容，可立即进行网上免费账号申请。进入QQ号码申请的页面：http://freeqqm.qq.com/，确认服务条款，填写"必填基本信息"，选填或留空"高级信息"，单击"下一步"，即可获得免费的QQ号码。也可用手机申请。

3. 登录 QQ

双击腾讯QQ图标出现登录界面，输入自己的用户名和密码后单击"登录"，选择适当的登录模式后单击"确定"。

新号码首次登录时，好友名单是空的，要和其他人联系，必须先要添加好友。成功查找添加好友后，就可以体验QQ的各种特色功能了。

4. QQ 常用功能简介

使用QQ和好友进行交流，信息和自定义图片或相片即时发送和接收，语音视频面对面聊天等。此外QQ还具有与手机聊天、BP机网上寻呼、聊天室、点对点断点续传传输文件、共享文件、qq邮箱、备忘录、网络收藏夹、发送贺卡等功能。

QQ不仅仅是简单的即时通信软件，它与全国多家寻呼台、移动通信公司合作，实现传统的无线寻呼网、GSM移动电话的短消息互连，是国内最为流行功能最强的即时通信（IM）软件。腾讯QQ支持在线聊天、即时传送视频、语音和文件等多种多样的功能。同时，QQ还可以与移动通信终端、IP电话网、无线寻呼等多种通信方式相连，使QQ不仅仅是单纯意义的网络虚拟呼机，而且是一种方便、实用、高效的即时通信工具。

QQ所开发的附加产品越来越多，如QQ游戏、QQ宠物、QQ音乐、QQ空间、QQ拍拍、在线直播等。腾讯公司还开发了移动QQ和QQ等级制度。只要申请移动QQ，用户即可在自己的手机上享受QQ聊天，一个月收取10元。移动QQ2007实现了手机的单项视频聊天，不过对手机的要求很高。

最新版的QQ软件新增了腾讯微博面板，腾讯微博用户将可使用该功能方便的发表微博，分享身边的一切。还新增拍拍用户彩钻图标，享受腾讯拍拍网缤纷彩钻尊贵特权，开启快乐网购生活。

【总结与深化】

即时通信除了能加强网络之间的信息沟通外，最主要的是可以将网站信息与聊天用户直接联系在一起。通过网站信息向聊天用户群及时群发送，可以迅速吸引聊天用户群对网站的关注，从而加强网站的访问率与回头率；即时通信利用的是Internet线路，通过文字、语音、视频、文件的信息交流与互动，有效节省了沟通双方的时间与经济成本；即时通信系统不但成为人们的沟通工具，还成为了人们利用其进行电子商务、工作、学习等交流的平台。

即时通信的出现和Internet有着密不可分的关系，从技术上来说，IM完全基于TCP/IP网络协议族实现，而TCP/IP网络协议族是整个Internet得以实现的技术基础，典型的IM工作原理如下：

首先，用户A输入自己的用户名和密码登录即时通信服务器，服务器通过读取用户数据库来验证用户身份，如果用户名、密码都正确，就登记用户A的IP地址、IM客户端软件的版本号及使用的TCP/UDP端口号，然后返回用户A登录成功的标志，此时用户A在 IM系统中的状态为在线。

其次，根据用户A存储在IM服务器上的好友列表，服务器将用户A在线的相关信息发送到也同时在线的即时通信好友的PC机，这些信息包括在线状态、IP地址、IM客户端使用的TCP端口号等，即时通信好友PC机上的即时通信软件收到此信息后将在PC桌面上弹出一个小窗口予以提示。

第三步，即时通信服务器把用户A存储在服务器上的好友列表及相关信息回送到他的PC机，这些信息包括也在线状态、IP地址、IM客户端使用的TCP端口号等信息，用户A的PC机上的IM客户端收到后将显示这些好友列表及其在线状态。

IM通信方式也主要分为如下四种：

1．在线直接通信

如果用户A想与他的在线好友用户B聊天，他将直接通过服务器发送过来的用户B的IP地址、TCP端口号等信息，直接向用户B的PC机发出聊天信息，用户B的IM客户端软件收到后显示在屏幕上，然后用户B再直接回复到用户A的PC机，这样双方的即时文字消息就不再IM服务器中转，而是直接通过网络进行点对点的通信，即对等通信方式（Peer To Peer）。

2．在线代理通信

用户A与用户B的点对点通信由于防火墙、网络速度等原因难以建立或者速度很慢，IM服务器将会主动提供消息中转服务，即用户A和用户B的即时消息全部先发送到IM服务器，再由服务器转发给对方。

3．离线代理通信

用户A与用户B由于各种原因不能同时在线的时候，如此时A向B发送消息，IM服务器可以主动寄存A用户的消息，到B用户下一次登陆的时候，自动将消息转发给B。

4．扩展方式通信

用户A可以通过IM服务器将信息以扩展的方式传递给B，如短信发送方式发送到B的手机，传真发送方式传递给B的电话机，以E-mail的方式传递给B的电子邮箱等。

即时通信相对于其他通信方式如电话、传真、E-mail等的最大优势就是消息传达的即时性和精确性，只要消息传递双方均在网络上可以互通，使用即时通信软件传递消息，传递延时仅为1s。

传统的IM在统治了Internet即时通信领域长达10年之久，以其日趋稳定的定能，与较强的用户黏着度，至今仍统治着这个巨大的市场。然而，软件行业的技术精英们并不满足于此。他们厚积薄发，一直致力于开发出性能更为优越的即时通信工具。当然，在功能上的不断完善，自然是一个必然的发展方向，在Web2.0时代，如何大力增强用户对网站的黏着度，而不仅仅是对于IM的拥附，已经成为他们的主攻方向了。于是，嵌入式IM工具，应运而生了。

相对以往的传统的即使沟通工具，它们需要用户下载软件包，需要用户进行安装。对于拥有IM产品的网站而言，用户在登陆网站后，不能直接使用其IM工具，对于流量与用户的黏着度，都是有一定影响的。因此在IM与网站相互依存的今天，没有哪家网络公司愿意将IM工具孤立开来。于是，目前，一种新型的嵌入式IM工具就应运而生了。这种IM工具，不需要下载安装，当用户登陆网页后，该IM直接嵌套在网页中，可以直接使用。而在功能上，则一点也不输于传统的IM，无论是传统的文字沟通的速度与效率，还是近年来越来越成为IM工具必备的音频/视频功能，这种嵌入式IM都能提供非常稳定的传输。更值得一提的是，因为嵌入式IM是嵌套在网页上的，软件供应商可以根据网站需求，设计出适合网站风格的IM产品。而不是像传统的IM工具，千篇一律，毫无个性可言。

目前，这类嵌入式IM在社区、交友、社团及协作等类型的网站上，应用已经较为广泛。在Web2.0时代，将发挥越来越重要的作用。

【实践与体会】

1．什么是聊天室？

2．请与另一位同学通过MSN Messenger进行网络通话。仔细分析其使用方法。

3．根据自身经历，试述你为什么上网聊天。

4．使用百度进行搜索，找找有关学生沉迷网络交友、网络聊天实例。

5．在QQ上跟老师交流学习心得。

6．下载安装QQ、MSN、Skype（下载网址http://skype.tom.com）等即时通信软件，根据自身条件在当地网络环境下进行文字通信、语音通信、文件传输、视频通话、多方通话等项目的比较测试，写出功能比较分析报告。

项目六　旅行预订

【项目应用背景】

　　无论是公务出差还是外出旅行，没有时间去购买机票或者火车票怎么办？担心到了目的地找不到合适的酒店住怎么办？想买实惠便宜的特价机票怎么办？想及时了解目的地的风土人情、旅游信息怎么办？连通Internet后，只要上网一查询，旅游信息、酒店信息、航班信息一目了然。随着网络和电子商务的发展，出现了很多在线旅行服务公司，开通了网上预订业务。用户足不出户，就可以通过Internet预订旅行产品，包括往返机票、目的地的酒店房间、甚至景点门票。

　　传统的旅行社需要跟团而且有严格的时间限制，携程网、芒果网等在线旅行服务公司网站的方案在时间上就要随意得多，而且十分方便，只需在网上点击就可以搞定。网上预订除了为消费者提供价格上的优惠，还有个性化的旅行路线，因此，已被大多数消费者接受。越来越多的人开始在旅行前通过网络实施以下行为：

1. 票务预订。
2. 酒店预订。
3. 景点门票预订。
4. 旅游指南查询。
5. 预订交通设备。
6. 预定旅游线路。
7. 预订目的地接待服务及其他服务。
8. 预订饭店餐馆。
9. 预定旅游商品。

【预备知识】

　　网上预订指旅游消费者通过在线预订或电话向在线旅游服务提供商预订机票、酒店、旅游线路等旅游产品或服务，并通过网上支付或者线下付费。

1. 网上购机票

　　网上订票指旅游消费者通过在线旅游服务提供商的网站或者航空公司、火车站、汽车站自身网站提交预订订单，提交成功后由消费者通过网上支付得到电子机票或者等送票上门后付费。

　　电子客票是将传统的纸质机票做电子化的记录，航班信息、乘机人信息通过联网存储在订座系统中，不再打印纸质机票。目前，它作为世界上最先进的客票形式，依托现代信息技术，实现无纸化、电子化的订票、结账和办理乘机手续等全过程，既便利又环保。旅客购买电子客票付款后，可直接凭有效证件在机场办理登机手续，如需报销，由售票单位打印出"航空运输电子客票行程单"（以下简称行程单）作为旅客的报销凭证。

对比传统的购飞机票方式，网上购票全天候24h开放，旅客可随时购买，省去电话问询、取票、送票等诸多烦琐的环节和费用。另外，各航空公司还将推出专门的优惠政策，网上订购机票，有时能获得很低的优惠折扣。建议直接在所搭乘的航空公司的官方网站上订票，如果必须要通过票务网订票，也一定要找信用比较好的网站。

要注意的是，除非是航空公司的会员，一般航空公司不需要另外进行用户注册。但许多票务网站则需要注册，因此在填写个人信息前，一定要再次慎重考察票务网站的安全性。

预定机票，当天取票或者送票，可以交易时付费，可以付现金，否则必须要信用卡。

2. 网上订酒店

对于非背包客来说，要确保出国全程无忧，事先通过网络预订酒店是很重要的，尤其是在旅游旺季，更是确保有"安身之所"的前提。网络预订国外酒店也有一定的价格优势，尤其是一些大的连锁酒店集团，时常会推出一些优惠套票，也是只在网上销售的。

网上订房只需要旅游消费者选择好酒店，选择入住日期和退房日期，确定房型和数量，然后下单。在填写预订单时，务必要留下准确的联系方式：座机电话、传真、手机号码或电子邮件地址。提交订单后，在接到你所留下的联系方式发给你确认信息后，表示预订成功。入住时只需在前台报出预定时填写的姓名就可以办理入住手续。

预订时间一定要把握好。一般来说，平常的时候预订提前两三天就可以了，周末的时候提前三四天预订，黄金周一定要提前一个星期预订，要是热门的旅游城市更要提前，像杭州、三亚等城市的预订有必要提前两个星期。提前预订不仅保证有房间而且有时候可以享受到更优惠的价格。

如果想在网上订房，可以根据实际情况选择下列任一种方法。

（1）通过在线旅游服务提供商的网站预定。如携程、艺龙。

（2）通过酒店自身网站预定。

部分酒店在房间紧张时，为了减少未入住情况，保证客人的正常入住，需要提供信用卡的卡号担保。一般需要提供担保的情况有：

（1）旅游旺季或热点景区。

（2）会展或法定假日期间的酒店。

（3）保留时间超过酒店限制等情况。

此担保不是预授权，和预授权没有关系，是入住之前的手续；而预授权是入住时的手续，用于保证入住时产生的费用。预授权是制发卡机构或其代理机构在特约商户请款前，确认许可冻结额度的交易。

3. 预定景点门票

基于"散客时代"中国旅游市场的现状和趋势，一些在线旅游服务提供商以景区"票务"为切入点，融合景区"精准营销"和"网络分销"，使景区以"零投入"的方式拥有了自己的门票网上预订平台。

驴妈妈旅游网等根据"自由行"游客的行为特征，通过电子商务"便捷、优惠及个性化"的定制服务，满足了"自由行"游客的需求，最终搭建成国内的景区票务电子商务门户和景区整合营销平台。继携程旅行网等成功开创了"机票+酒店"的旅游预订模式；

驴妈妈开创的"景区门票+网络营销"模式正引领中国旅游电子商务步入新时代。

订票流程：游客选择景区→游客填写并提交订单→客服电话通知确认→游客乘车（或自驾车）前往景区→游客取票游玩。

订票优势：

（1）灵活超值：一个人、一张票也可享受优惠。

（2）自由：景点丰富，时间不受控制。

（3）不同类型人群不同定价，科学合理。

（4）不定期举行优惠活动。

【项目实施方法与过程】

任务一：交通预订

以登陆旅游网站预订机票为例，通过艺龙（e龙）旅行网预订国内机票，需要预订一张2009年12月12日从杭州出发去北京的经济舱。

（1）启动IE浏览器，在地址栏中输入艺龙旅行网的地址"http://www.elong.com/"，然后按回车键打开艺龙旅行网的首页，如图6.1所示。

图6.1　艺龙旅行网首页

（2）单击网站首页左上方"查询酒店/机票"下方的"国内机票"单选按钮，根据提示填写"航程类型"、"出发城市"、"出发日期"、"到达城市"、"舱位等级"、"送票城市"，填写完毕后单击"搜索"按钮，进行机票的查询和选择，如图6.2所示。

图 6.2　国内机票查询

（3）根据填写信息弹出的"选择航班"页面，列出了所有符合用户要求的航班信息，默认按起飞时间排序，如图6.3所示。

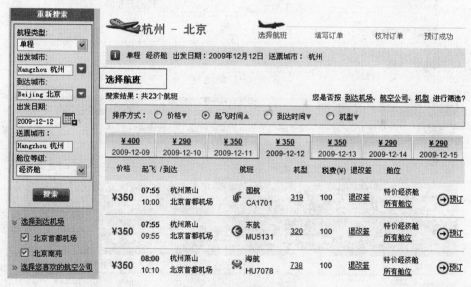

图 6.3　选择航班页面

（4）选择自己需要的航班，弹出如图6.4所示"登陆提示"窗口，如果是艺龙会员，则输入账号和密码后进行登陆；如果不是艺龙会员可以选择窗口右边的"非会员预订"。

（5）这里选择使用"非会员预订"的方法，进行订单的填写，如图6.5所示。需要填写"乘客信息"、"联系方式"、"支付方式"等真实信息。填写完后单击页面下方的"接受预订条款并继续"按钮。

（6）下一步是"核对订单"，如图6.6所示。核对所填写的信息，如果需要修改，则选择"我还要修改"，否则选择"核对无误，提交订单"。

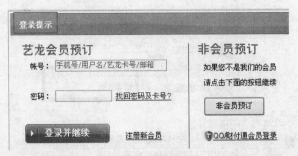

图 6.4　登陆提示

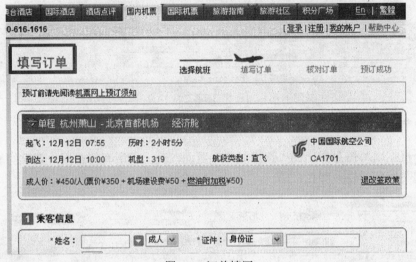

图 6.5　订单填写

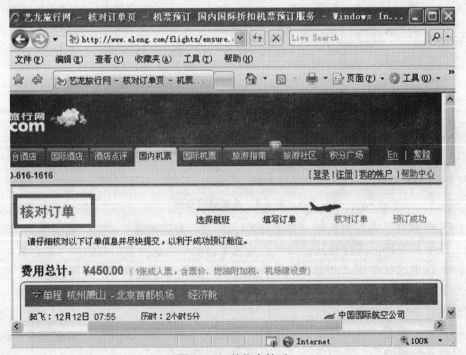

图 6.6　订单信息核对

（7）核对无误后跳转到订单成功页面，如图6.7所示。此页面记录了相关的订单信息，这样机票预订已经完成了。

图 6.7　完成预订页面

任务二：酒店预订

（1）以登陆酒店自身网站为例，通过杭州梅苑宾馆官方网站预订酒店。启动 IE 浏览器，在地址栏中输入杭州梅苑宾馆官方网站的地址"http://www.hzmyhotel.com/"，然后按回车键打开杭州梅苑宾馆官方网站的首页，如图 6.8 所示。

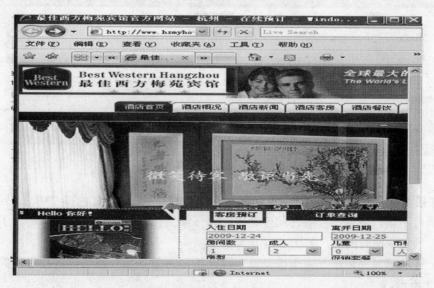

图 6.8　梅苑宾馆官方网站的首页

（2）找到页面中"客房预订"选项，填写相关的信息，填写完成后单击"预订"按钮，如图 6.9 所示。

图 6.9　输入用户名

（3）如果希望能到更多的优惠，可以尝试进行会员的注册，或者输入协议单位的代码等，确认房间类型和住店时间信息无误后单击"预订"按钮，如图 6.10 所示。

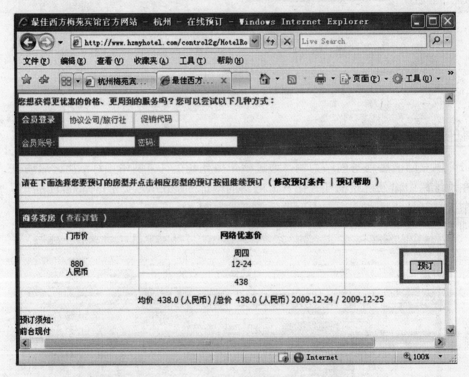

图 6.10　输入查询信息

（4）接下来需要填写订单，如预订者的姓名、联系方式等。红色打"*"的是必填项，其他可填可不填。注意：一般在此步骤中应该仔细阅读预订的要求和各规则，了解有无含早餐、预订保留时间等，如图 6.11 所示。

（5）订单填写完后按"完全接受以上预订规则>>下一步"按钮，进行订单的预览，如图 6.12 所示。

（6）预览订单后一旦发现输入信息有误，可以通过"返回上一步"按钮回到上一个填写订单的页面进行相应的修改，否则单击"确认预订"，完成预订，显示如图 6.13 所示。

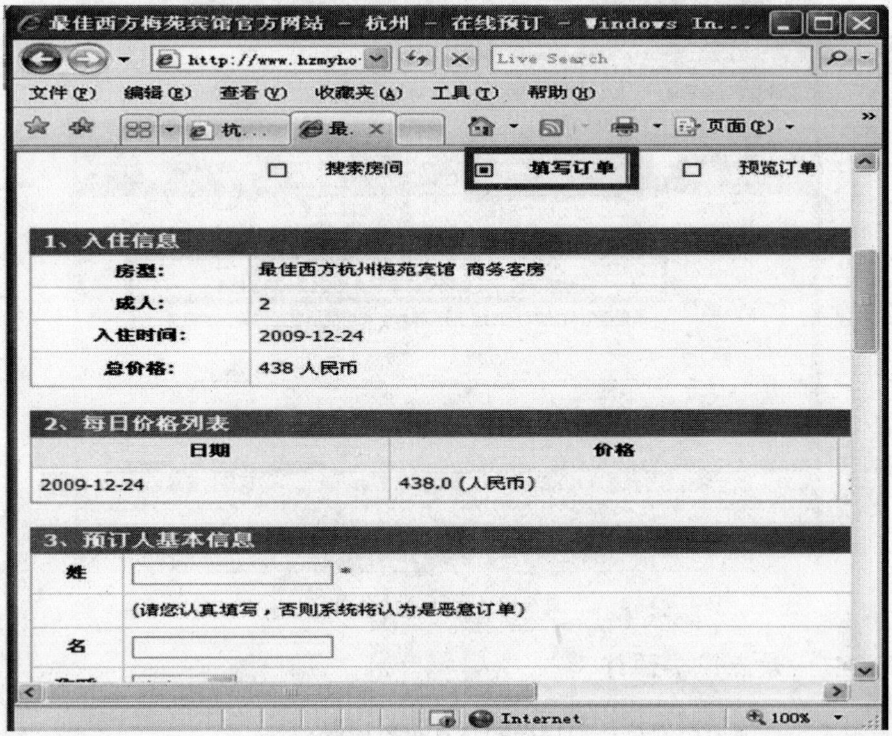

图 6.11 填写订单

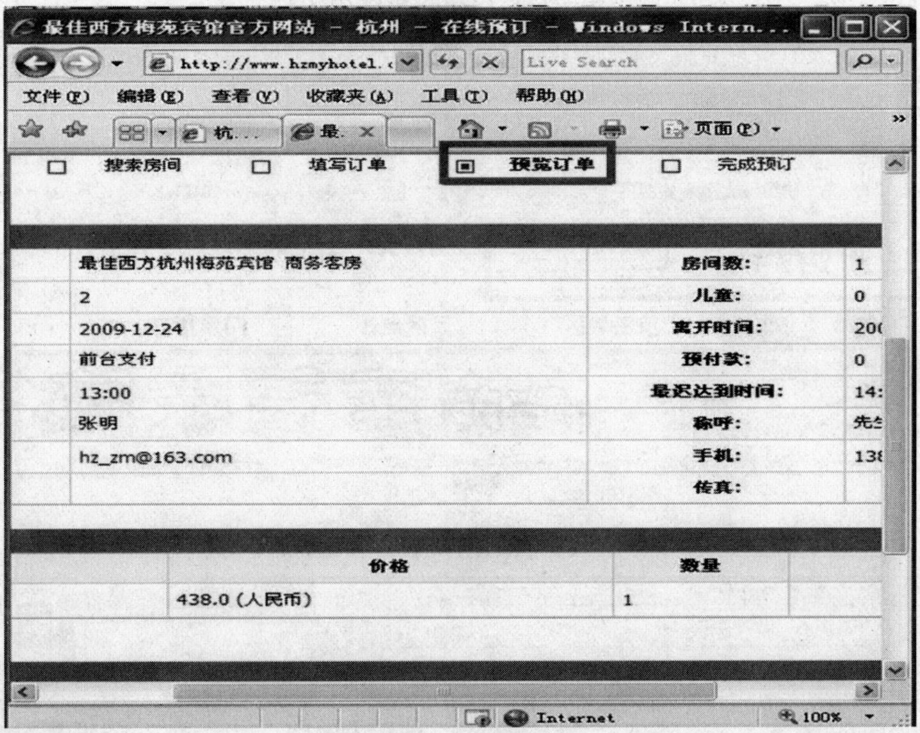

图 6.12 订单预览

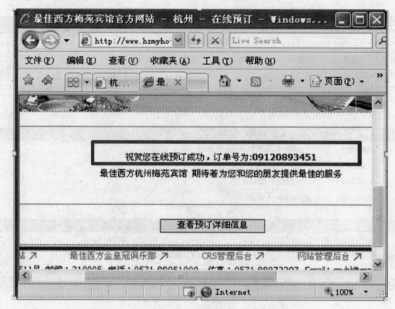

图 6.13　预订成功页面

任务三：景点门票预订

以登陆驴妈妈旅游网为例，通过网站预订景区门票。

（1）启动 IE 浏览器，在地址栏中输入驴妈妈旅游网站的地址"http://www.lvmama.com/"，然后按回车键打开驴妈妈旅游网站的首页，如图 6.14 所示。

图 6.14　驴妈妈旅游网的首页

（2）在首页的导航条上选择"门票预订"页面，如图6.15所示。

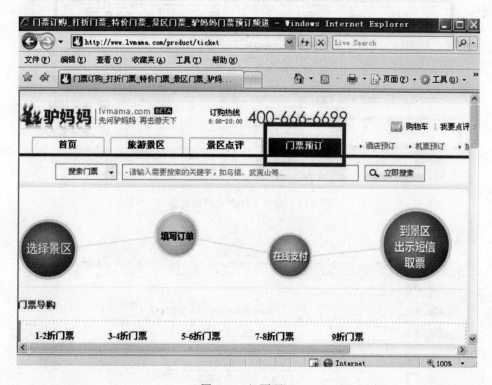

图 6.15　门票预订

（3）可以通过搜索栏目的地景点的门票，如输入"大连老虎滩海洋公园套票"，单击搜索栏右边的"立即搜索"按钮，出现如图6.16所示页面。

图 6.16　门票搜索

（4）大多数景点可以通过支付宝或者银联等途径直接完成在线支付，满100元的订单还可以获得追加的优惠。非在线支付的订单需要在景区支付订票款。订单提交成功后选择非在线支付的客户将会收到确认短信，凭此短信可以直接到景区取票游玩。在此，选择"景区支付"，出现如图6.17所示页面。

（5）选择了支付方式后需要选择订票的类型（团队、老人、学生、其他票）、订票数量，如果无其他门票等需要预订，按"立即预订"按钮，出现如图6.18所示页面，填写订单信息。否则按"放入购物车"继续选购其他产品。

大连老虎滩海洋公园套票
团队
老人
学生
其他票
现售价：
150 元 门市价：190元
订票说明
可享优惠：
已享7.9折优惠 在线支付满100元直减5元
配送方式
支付方式：
景区支付 支付宝 银联支付 快钱
常见问题
订购数量：
10
点评王活动
立即预订
放入购物车
查看购物车>>

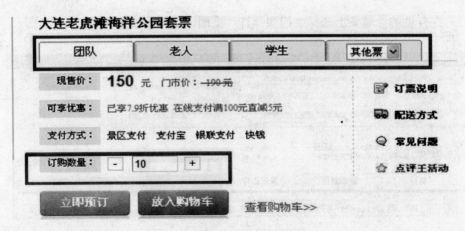

图 6.17 选择支付方式后的页面

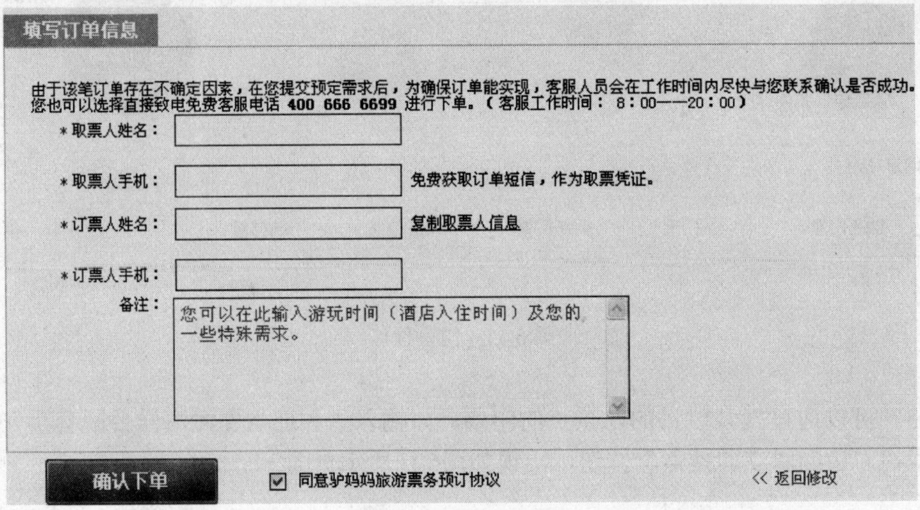

填写订单信息
由于该笔订单存在不确定因素，在您提交预定需求后，为确保订单能实现，客服人员会在工作时间内尽快与您联系确认是否成功。
您也可以选择直接致电免费客服电话 400 666 6699 进行下单。（客服工作时间：8：00——20：00）
*取票人姓名：
*取票人手机：
免费获取订单短信，作为取票凭证。
*订票人姓名：
复制取票人信息
*订票人手机：
备注：
您可以在此输入游玩时间（酒店入住时间）及您的一些特殊需求。
确认下单
同意驴妈妈旅游票务预订协议
<< 返回修改

图 6.18 填写订单信息

（6）根据要求，填写订单中的“取票人姓名”、“取票人手机”、“订票人姓名”、“订票人手机”等信息，注意：取票人手机号码中登记的号码将会收到确认短信，作为取票凭证。填写无误后单击“确认订单”按钮。预订完成页面如图6.19所示。

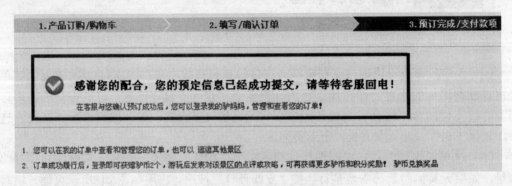

1.产品订购/购物车
2.填写/确认订单
3.预订完成/支付款项
感谢您的配合，您的预定信息已经成功提交，请等待客服回电！
在客服与您确认预订成功后，您可以登录我的驴妈妈，管理和查看您的订单！
1. 您可以在我的订单中查看和管理您的订单，也可以 逛逛其他景区
2. 订单成功履行后，登录即可获赠驴币2个，游玩后发表对该景区的点评或攻略，可再获得更多驴币和积分奖励！ 驴币兑换奖品

图 6.19 预订完成

（7）如果想查看订单，可以在首页中单击"管理我的订单"进行查看，如图6.20所示。

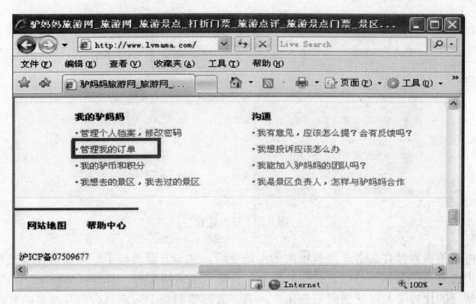

图 6.20　首页中的管理订单部分

（8）查看订单前需要先登陆，如图6.21所示。

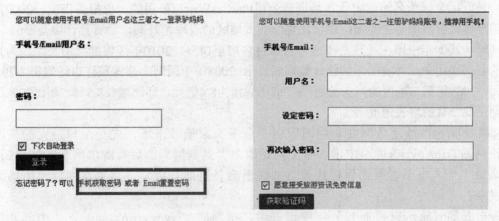

图 6.21　登陆界面

（9）输入手机号码或者邮箱用户名和密码后进入查看订单页面，如图6.22所示。选择"待支付的订单"选项，便可查看刚才的订单。

【总结与深化】

2008年是中国旅游产业比较艰难的一年，但同时也是旅游政策更加开放的一年，在这种风险与机遇并存的宏观环境下，中国的网上旅行预订厂商积极寻求改善，共同培育着我国的网络旅游市场。在运营商的努力下，2008年我国网上旅行预订用户的规模达到600万，同比增长33.3%；市场规模亦达到28亿元，同比增长22.7%。

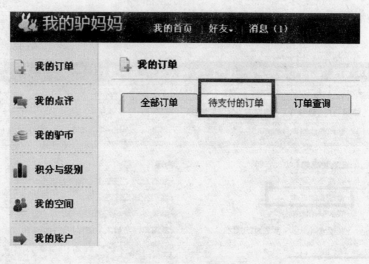

图 6.22　订单查看

可见消费者预订旅游产品有很大的市场空间。这一方面得益于运营商对在线预订优势的大力宣传，包括不必顾及时间的限制、价格更加透明实惠，且可以借助Internet工具进行便捷的比较等，以此来吸引新用户；另一方面要归功于运营商对自身服务的升级很完善，包括与下游旅游资源的整合更加紧密、改进网站功能提升用户体验、提供更方便的支付方式等，以此来增加老用户的黏性。

最近，全球著名的旅游业市场调查公司PhoCusWright公司的一份报告指出，2009年中国整体旅游市场将会萎缩，仅仅比整个亚太地区的表现稍好些，后者预计将萎缩6％。但同时，2009年中国在线旅游渗透率将从11％增至14％，2010年还将继续增长。国内知名的咨询集团企业易观国际的统计数据则显示：2008年中国网上旅游预订市场规模为29.8亿元，2009年第二季度的网上旅游预订市场规模为8.4亿元，环比增长8.5％，相比2008年同期呈现13％的增长速度。

在线旅游市场逆势飘红，因而吸引了众多商家抢滩市场，先是全球最大的旅游评论网站TripAdvisor进军中国，中文网站取名"到到网"；后有淘宝网在2009年9月表态说"个人电子客票销售板块要对非注册会员全面开放"，可见在线旅游市场大有发展。

在近期《第一财经周刊》年度调查中，携程网（www.ctrip.com）、"去哪儿"（www.Qunar.com）和芒果网（www.mangocity.com）在"公司人心中的金字招牌"调查中的在线旅游类中赢得前三名。携程网服务平台先进、服务流程规范，是当之无愧的业界老大。而2005年诞生的"去哪儿"则是异军突起，以其便捷、先进的搜索技术，对Internet上的机票、酒店、签证和度假等信息进行整合，为用户提供即时的旅游产品价格查询和比较服务。目前，该网站抢得在线机票市场近30％的市场份额。

1. 支付平台

网上支付平台目前有支付宝、财付通、贝宝、快钱、云网等。使用网上支付，请先确认支付宝或财付通是否已经开通。还要查一下信用卡或银行卡的金额是否受到限制。其次，在提交任何关于自己的敏感信息或私人信息之前，一定要确认数据已经加密，并且是通过安全链接传输的，这些一般计算机都会自动跳出提示。最后，在交易完成后，最好记下交易的流水单和单号，以防以后要查询对账时用，记着再查询一下历史交易信息，看看所刷的金额是否正确，一旦出现错误，应该马上拿出流水单号向银行咨询投诉。

使用网上支付前，最重要的是要保证所使用计算机的安全性，最好使用个人计算机，并且在上网前检测一下，看看计算机有没有感染上病毒或是木马程序，以防密码被他人窃取。更重要的是，通过网络支付一定要确保操作正确，而且要保证一次完成，否则会出现重复支付的错误。

2. 网上预订的优点

网上订房的好处有很多，概括起来可以用四个字——多、快、好、省。

（1）目前，国内正式注册的订房网站大约100多家，其中运作比较成功的有e龙（艺龙）、携程、同程网、中国统e订房、北京金色世纪等。e龙可以提供遍及国内400个主要城市（包括港澳台）7000余家酒店，44个其他国家140个国际城市的数万家酒店的优惠预订服务。

通过网站，旅客可以网上查看酒店概况、房间设施（文字、360°全景照片）和当日房价等海量信息。其中e龙推荐酒店是根据酒店的综合条件如位置、设施、服务和性价比所选择的酒店，同时考虑了用户入住后的反馈和最新的调查，以确保推荐酒店的客观性。

（2）动动手指，轻敲键盘，无须等候，就可以进入酒店预订界面，首先填写检索信息，包括入住和离店的日期、酒店所在的城市等，就可以看到酒店查询结果。根据自己的需求，锁定合适的目标酒店之后，就可以免费注册（已经是会员的直接登录即可），直接预订。网站一般会在10min之内最终确认预订结果。

（3）目前，与订房网站建立合作关系的酒店，基本上都是星级酒店，服务设施和周边环境相对较好。此外，订房网站除提供网上订房服务外，还推出一系列"出行关怀服务"，比如机票、车票送票上门，旅店所在城市重点商铺打折等。

在线旅游服务提供商的网站，如e龙、携程、同程网、驴妈妈等网站都显示真实的会员住宿后对酒店、酒店、饭店的评价，供用户在选择时参考比对。

（4）网上订房，通常都可以享受到比酒店门市价更优惠的打折价格，让你省在明处。为鼓励网上订房，订房网站一般都会给预订者以积分优惠。积分到了一定程度，将会赠送小礼物、早餐甚至客房。一位酒店人士曾举例说，他们酒店标准间门市价为200美元/天，网上订房价格只有698元人民币，相当于门市价的4折，而一些网络订房甚至打出2折~3折的优惠。

同样，网上订票也有如上的优点，此外，网上订票还避免了买到假票的可能。预订往返的票价比单程的更优惠。

3. 网上旅游预订注意事项

由于经营网络预订的网站很多，在通过网络预订的时候，注意辨别这个网站是否有这样的经营资质，以及其服务范围；注意该订房机构是否有和酒店签订旺季房源保证；是否有完整的赔付体系；是否有及时的客服跟进（比如没有房间了要及时告知，或及时建议客人是否愿意调换相同的价格、相同区域的酒店）。

4. 网上旅游预订常见问题

1）订票后如何支付

（1）景区支付（99%）：只需在订单生成后前往景区以网上订购价购票。

（2）网上支付：绝少数特殊景点通过"支付宝"、"快钱"进行线上支付。

（3）银行转账：极个别酒店需要提前支付押金或房款，客服会指导您进行操作。

2）订票后如何确定是否成功

（1）在订单提交成功后，客服会尽快给您电话确认。

（2）您可以在网站页面输入取票人姓名和电话查询处理状态。

3）提交订单不成功，怎么办

（1）确认取票人姓名、有效证件+号码（后四位也可）、电话（或手机号）和来游人数已填，来游日期和返程日期已选择。

（2）请按Ctrl+F5键刷新该页面重新填写订单。

（3）如方法（2）无效，请通过清除历史记录来刷新页面：

第1步：打开浏览器上部菜单栏的"工具"栏，在下拉列表中选择"Internet"选项。

第2步：进入"Internet"选项后，按"清除历史记录（H）"按钮，此时会出现一个确认是否清除的对话框，选择"是"，历史记录就被清除了。然后按确定按钮退出"Internet"选项，再刷新页面。

（4）请确定页面程序脚本已经加载完成，如已显示出来"确认订单"、"清除重填"按钮。

（5）联系在线客服，在线客服替您预订。

4）怎样使用信用卡进行担保

预订酒店后，使用信用卡担保需要提供信用卡的以下信息：信用卡的卡号、种类、有效期、持卡人姓名、持卡人办理信用卡所持证件号码。信用卡担保成功后，您的手机会收到与预订酒店的第一晚房费相同金额的资金的冻结信息，但请您放心，您的资金并未没有扣除。等您成功入住酒店后，该资金会自动解冻。

5）信用卡担保后的责任

一旦用信用卡担保，就意味着订单不能再进行变更或取消。如果担保后，由于形成变更的原因未能入住，则酒店有权过通银行信用卡扣除第一晚的房费。

5. 网上旅游预订存在的风险

旅游产品由于其综合性、无形性、生产和消费的同一性特点，购前不能直接感知和体验，因此旅游业被认为最适宜开展旅游电子商务。进行网络营销、在线预订，为旅游企业节省成本、增加收益、树立良好企业形象；为顾客带来快捷、便利、省时、省钱收益。然而从当前国内B2C旅游电子商务发展现状来看，还远未取得预期的效果。中国互联网信息中心（CNNIC）2007年7月的调查显示，仅有3.9%的网民进行网上旅游预订，制约中国在线旅游业发展的因素应引起业内人士的深入分析和思考。

（1）信任与风险密不可分，正是由于在当前虚拟网上交易环境中面临着比传统交易环境更大的风险与不确定性，才使得旅游在线交易的信任问题更为突出。就旅游在线交易而言，有三种风险最重要：经济风险、产品风险、信息风险。

在线旅游预订中，消费者对借助于网络进行信息传递和达成交易的安全性有着很大担忧，如用户的个人信息、交易过程中银行账户密码、转账过程中资金的安全等，是否能够在付款后如期得到与承诺相符的产品和服务等问题。交易安全对旅游者在线购买旅游产品和服务是非常重要的影响因素。

（2）因网络的便捷性和高效性，航空销售代理企业均是通过网络系统为旅客订票、出票。但网络在为用户带来便捷的同时，也带来了一些负面的问题。鉴于技术条件限制、网络秩序监管缺失等因素，导致一些航空代理企业违反市场诚信的行为屡有出现。继而产生机票无故被取消致使无法登机等事件的发生。

（3）在网上预订机票时一般要选择一些比较大的公司，再有就是在订票时要看清一些特价票的特殊规定，根据权利和义务平衡的原则，购买特价机票时客户享受了航空公司优惠价格的机票的权利，就要承担按时旅行，不作随意更改的义务。一般来讲有三个不准的（不得改签退票）。

（4）信息的不真实。随着网售门票的升温，难免会出现一些鱼龙混杂的卖家。如在淘宝网上输入"庐山、门票"，显示有包含这两个关键字的相关信息，在众多信息中，最吸引人的为庐山缆车门票1元、庐山老别墅门票1元、庐山风景名胜区门票5元等一系列低价门票。联系上不同卖家，通过反复咨询后得知，这些低于原价一半以上的门票，基本上都是过期门票，只能作为收藏，对于旅游者没有用处。三清山的门票实际售价为150元，淘宝网一卖家却挂出了50元的价格。通过联系卖家，才知道这50元是其帮游客预订酒店房间先行收取的定金，并非是50元的低价景区门票。因此在C2C网站的交易有可能存在的误导信息。

6. 在线旅游预订发展趋势

总体来说，携程和e龙的模式可以归结为"酒店和计票的网络分销平台"。而芒果网是传统旅游服务商的线上服务（港中旅旗下），类似的还有遨游网，是中青旅旗下网站。另外，网路旅游平台模式有乐途、通用（www.51766.com）是B2C模式；同程旅游网（www.17u.cn）则属于B2B，这类网站大部分是由旅游资讯做起，然后开展线上旅游超市业务。

2008年，同程旅游网获得融资，是旅游行业中唯一拥有双平台即B2B旅游企业间平台和B2C大众旅游平台的旅游电子商务平台。与同程网类似，在众网站纷纷效仿携程与e龙的呼叫中心+鼠标的模式之时，途牛网却独辟蹊径，以网络模式销售完整的旅游线路。因此，途牛虽然没有传统旅行社的门店但却有完整的线路，在比酒店+机票的模式更加直观和详尽的同时，它还具备网络销售的廉价和实惠。

值得一提的是，近年来受到大家广泛关注的还有旅游垂直搜索类网站，包括"去哪儿"、酷讯。"去哪儿"等是旅游网站中一个独特的模式：在线旅游预订行业中的搜索引擎是信息提供商，而并非服务商品提供商。"去哪儿"的商业模式很清晰，搜索竞价排名和代理分成收入。其成功的关键在于：首先，有一定的技术优势，其后台搜索能力毋庸置疑；另外，"去哪儿"是商业链条中一种力量，比价搜索引擎存在巨大的生存空间。

旅游是一种生活方式，有一个逐步培养的过程。就如穷游欧洲网，向消费者灌输了一种"穷游"的概念：以最省钱的方式实现最舒适的旅游方式。由于国内在线旅游预订市场尚无法实现标准化定制，和利润的爆发增长，因此投资人对于旅游网站关注多于投资。而现在众多的旅游网站也在思考自己的发展方向。

【实践与体会】

1. 网上旅游预订可以预订具体哪些产品，各有什么特点？
2. 下周想到千岛湖玩两天，通过携程订房合算吗？需要什么步骤？
3. 想订一张后天去北京的特价机票，该如何快速地找到最便宜的订购网站？
4. 访问"中国南方航空公司"网站（http://www.cs-air.com）或者"中国东方航空股份有限公司"网站，了解网上电子客票的订购流程，谈谈使用电子客票的优缺点。

项目七　网上自助学习

【项目应用背景】

Internet上的资源非常丰富，好比一个无时无刻不在更新的百科全书。有什么需要，上网找，有什么不明白的，上网搜，足不出户，只要鼠标一点，便可以在网络的海洋中寻找到需要的东西。网上自助学习，就是指通过计算机网络进行的一种学习活动，它主要采用自主学习和协商学习的方式进行。相对传统学习活动而言，网络学习有以下三个特征：一是丰富的和共享的网络化学习资源；二是以个体的自主学习和协作学习为主要形式；三是突破了传统学习的时空限制。常见的网络学习主要方式有：

1. 利用Internet实现"在线阅读"。
2. 在线学习资源获取。
3. 现代网络教育。

【预备知识】

1. 在线阅读

在线阅读是一种基于网络的阅读方式，主要是以多媒体技术、网络技术为中介，以计算机上所传递的数字化信息为阅读对象，通过人机交互来交流并获取读者所需要的包括文本在内的多媒体信息的行为。它是一种崭新的生存、交流、学习和思维的方式。自从有了网络以后就可以不去书店买书了，直接从网上进行免费或购买阅读，这样既丰富了图书资源，又方便了读者。

2. 在线学习资源获取

有了Internet以后，给大家提供了很多在网络上学习的机会，同时也提供了很多的学习参考资料。例如利用Internet考试试题资源传播考试动态、教育咨询和图书信息，可以进行在线测试，在线答疑以及提供大量的试题资源。Internet上还提供了大量的论文资源，可以给学生以及科研人员提供大量参考资料等。

3. 现代网络教育

现代网络教育是指在网络环境下，充分发挥网络的各种教育功能和丰富的网络教育资源优势，向教育者和学习者提供一种网络教育学习的环境，传递数字化内容，开展以学习者为中心的非面授教育活动。远程教育涉及各种教育活动，包括授课、讨论和实习。它克服了传统教育在空间、时间、受教育者年龄和教育环境等方面的限制，带来了崭新的学习模式，随着信息化、网络化水平的提高，它将使传统的教育发生巨大的变化。远程教育没有固定的形式，往往是学习者根据要学习的内容、自己所处的学习环境，可以利用的学习条件进行多种的选择和组合。今后这些形式发展的可能是：

多种教学论文内容传授和呈现方式可以相互结合融为一体；多种感官教学论文可以得到大力发展；交互的数量可以进一步增多，并改进交互的质量；学习辅助系统可以进一步得到扩展和改善。

【项目实施方法与过程】

任务一：在线阅读

Internet上的阅读资源实在是太多了，如果平时有看小说的习惯，那么Internet上的在线阅读网站会是你的绝佳去处。在这里有种类繁多的图书，让你享受一边品茶，一边读书的乐趣。

1. 阅读小说

（1）国内著名的小说网站，常用的一些文学小说资源网址如表7.1所列。

表 7.1　常用小说网址

网站名称	网　　　址
起点中文网	http://www.qidian.com
小说阅读网	http://www.readnovel.com
世纪文学	http://www.2100book.com
潇湘书院	http://www.xxsy.net
中文在线	http://www.chineseall.com/
幻剑书盟	http://www.hjsm.net/
爬爬E站	http://www.3320.net/
红袖添香	http://www.hongxiu.com/
书路文学	http://www.shulu.net/
清风文学网	http://www.1fl8.com/
玄幻小说书库	http://www.yesho.com/wenxue/
小说阅读网	http://www.readnovel.com/
第九中文	http://www.d9cn.com/
诗生活	http://www.poemlife.com/
榕树下	http://www.rongshuxia.com/

（2）阅读小说步骤：

第一步：打开"世纪文学"网站主页，如图7.1所示。

第二步：选择需要的图书类别，如单击"历史小说"超链接，打开如图7.2所示页面。

第三步：单击"回到宋朝做皇上"超级链接，打开如图7.3所示页面。

图 7.1 "世纪文学"网站主页

图 7.2 "历史小说"超链接页面

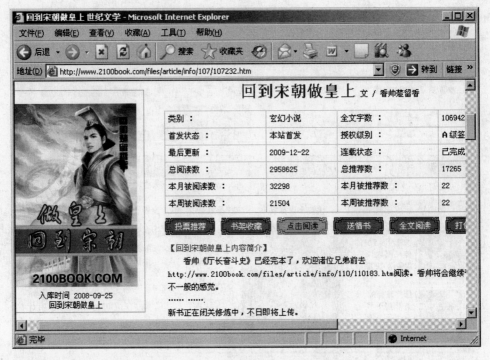

图 7.3 "回到宋朝做皇上"页面

第四步：单击"单击阅读"超链接，在新页面中单击要阅读的章节即可浏览其内容。

2. 网上阅读报刊

"天天读报"是一款在线阅读报刊和杂志的软件，它收集了国内30多个省市电子版的报纸杂志及35个其他国家的报纸，只要计算机可以直接连接Internet,就可以足不出户免费浏览这些报纸和杂志，下面来了解这款软件的使用。

第一步：可以利用搜索引擎搜索并下载"天天读报"软件，如图7.4所示。无需安装，双击软件即可运行。在打开的操作界面中单击"国内报纸"超级链接，如图7.5所示。

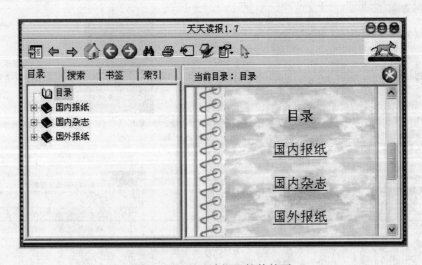

图 7.4 "天天读报"软件首页

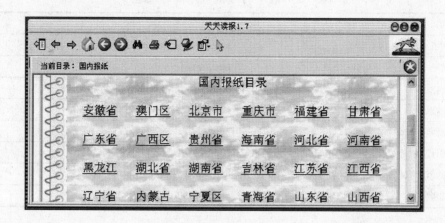

图 7.5 "国内报纸"页面

第二步：在图7.5中选择要读报纸所在省份，比如单击"北京市"超链接，显示窗口如图7.6所示。

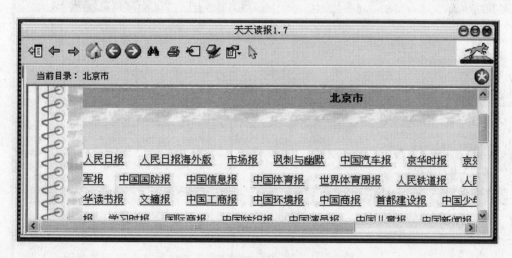

图 7.6 北京报纸页面

第三步：单击图7.6中的对应报纸名称即可进入阅读。

任务二：在线学习资源获取

Internet提供了大量的考试和论文资源，可以给学生以及科研人员提供大量的学习和参考资料。本次任务主要介绍我国一些常用的考试试题资源网和论文资源网以及查找可下载论文的方法。

1. 考试资源

（1）常用的考试试题资源网址如表7.2所列。

表 7.2　常用的考试试题资源网址

网 站 名 称	网　　址
中国考试网（长喜英语网）	http://www.sinoexam.cn
考试吧	http://www.exam8.com
广州招考网	http://www.gzzk.com.cn
考生在线	http://www.5exam.com/
国家医学考试网	http://www.nmec.org.cn/
全国计算机等级考试网	http://www.ncre.cn/
国家司法考试网	http://www.cnsikao.com/
无忧考网	http://www.51test.net/

（2）获取考试资源。无忧考网是国内最大的考试培训门户网站，提供职业资格、英语、学历、计算机、财经、医药、建筑、出国留学等权威考试资讯、培训课程信息。下面介绍如何获取无忧考网的英语四六级考试样题、辅导资料等资源。

第一步：打开无忧考网首页，如图7.7所示。

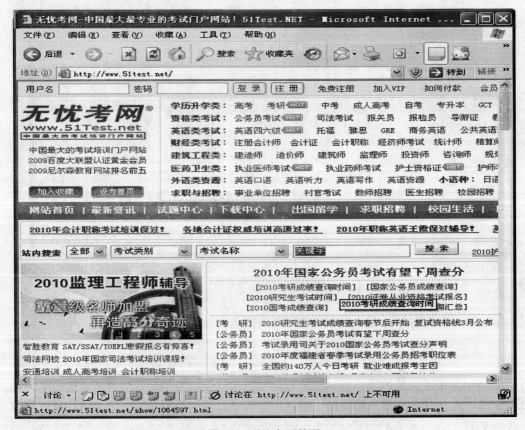

图 7.7　无忧考网首页

第二步：选择导航中的"英语类考试"中的"英语四六级"超链接，如图7.8所示。

第三步：找到"大学英语四六级考试历年真题"超链接打开，如图7.9所示。

图 7.8 "四六级考试"页面

图 7.9 "大学英语四六级考试历年真题"页面

第四步：在页面中有提供四六级考试真题和答案以及题目分析情况的一些超链接，打开即可查看相关内容。该网站还有提供很多的模拟试题样卷以及一些跟考试相关免费下载项目。

2. 论文资源

网上有很多收集论文的网站，可以通过搜索引擎找到对应的网站或特定的论文。常用的论文资源网址如表7.3所列。

表7.3　常用的论文资源网址

网 站 名 称	网　　址
论文资料网	http://www.51paper.net/
中国论文网	http://www.lw99.com/
论文大全	http://lw.yeewe.com/
职称考评	http://www.dtzcb.net/lunwen/
助跑教育网	http://lunwen.zhupao.com/
前程论文网	http://www.lunwen51.net/

任务三：网络教育

网上教育是一种相对于面授教育师生分离、非面对面组织的教学活动，它是一种跨学校、跨地区的教育体制和教学模式，它的特点是：学生和教师分离；采用特定的传输系统和传播媒体进行教学；信息的传输方式多种多样；学习的场所和形式灵活多变。与面授教育相比，远距离教育的优势在于它可以突破时空的限制；提供更多的学习机会；扩大教学规模；提供教学质量；降低教学的成本。网上教育是现代远程教育的优秀模式，它的出现和发展是时代的趋势和必然产物。

目前参加网上学习的人员正在逐步增多，按学习的目标不同可以分为学历学位、职业培训和网上充电等三种类型。学习方式目前主要分为集体开班和个体学习两种。另外，在Internet上各种各样的网校也到处可见，有正规大学开办的经教育部认可其学历的攻读本科、研究生课程的网校；有全国知名重点中学在网上做的针对高考辅导的以应试教育为主的网校；还有一些商业网站针对网上充电者举办的一些职业技术培训的网校等。著名的网络教育网站如表7.4所列。

表7.4　著名的网络教育网站

名　　称	网　　址
清华大学网络学堂	http://www.itsinghua.com/
人大附中远程教育网	http://www.rdfz.com/
景山教育网	http://www.jsedu.com.cn/
新华教育	http://www.xinhuanet.com/edu/
中国远程教育	http://www.chinadisedu.com/
中华会计网校	http://www.chinaacc.com/wangxiao/
北大附中网校	http://www.pkuschool.com/
百灵网校	http://edu.beelink.com.cn/

名　称	网　址
21 世纪教育	http://learning.21cn.com/
中国网络教育	http://www.chinaonlineedu.com/
职业教育网	http://www.chinatvet.com/

1. 网上报名

以中国网络教育网为例介绍在线报名步骤。

（1）打开中国网络教育主页。

（2）找到主页上的"报名点搜索"，如图7.10所示，选择院校、地区、层次和专业信息搜索报名点。比如输入浙江地区、专升本、计算机专业。单击"搜索"按钮。打开找到页面如图7.11所示。

图 7.10　报名点搜索

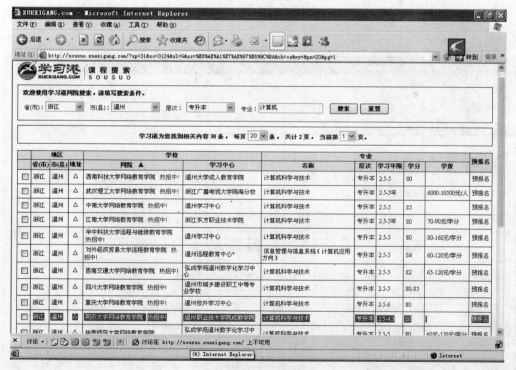

图 7.11　搜到的页面

（3）选中对应的学校后单击"预报名"进入到"学习港网络教育在线预报名信息提交系统"页面，如图7.12所示。

113

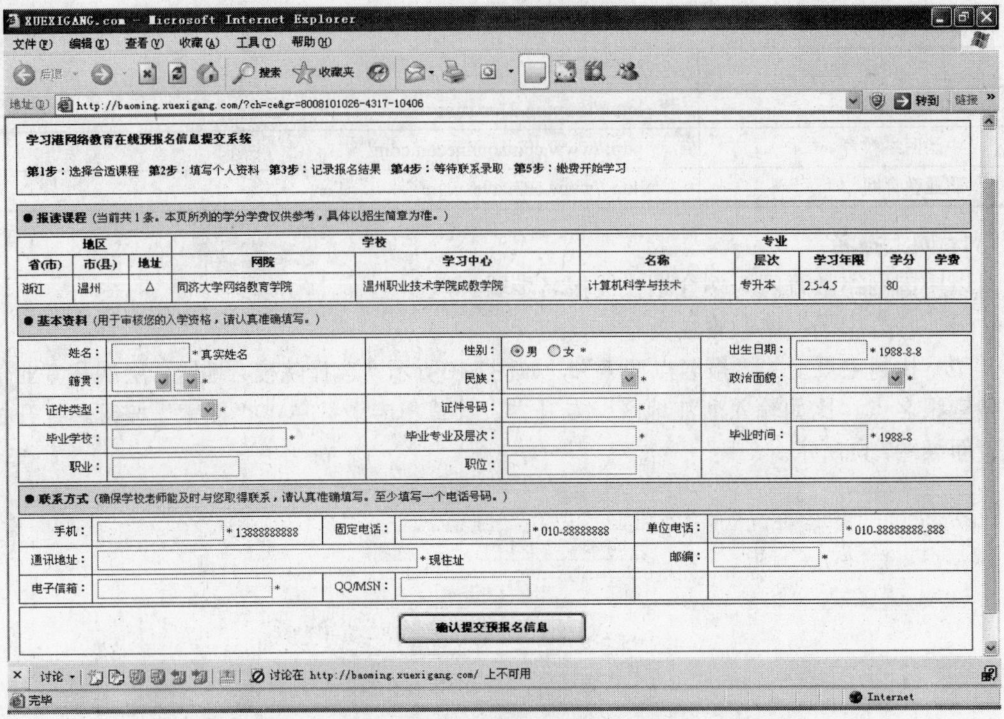

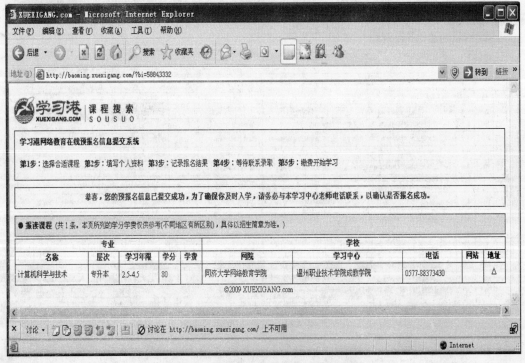

图 7.12   "学习港网络教育在线预报名信息提交系统"页面

（4）填入个人的相关信息以后单击"确认提交报名信息"按钮。提示预报名信息提交成功，如图7.13所示。

图 7.13   "预报名信息提交成功"页面

2. 中华会计网校资源获取

中华会计网校客户服务部采用国际领先的呼叫中心平台，实行全天24小时值班制度，为广大学员提供全面、周到的报名咨询与技术解答。无论是否参加网校辅导，都能享受到热忱、细致的服务。中华会计网校提供网络在线课程培训服务，提供免费试听课程和付款听课。下面详细介绍如何获取中华会计网校免费试听课程资源。

（1）打开中华会计网校页面，页面显示效果如图7.14所示。

图 7.14　中华会计网校主页面

（2）单击页面中的"免费试听"超级链接，打开网站提供的免费试听界面。单击左侧的"注册会计师"超级链接，即打开"注册会计师"的免费试听界面，如图 7.15 所示。

（3）在打开的"注册会计师"的免费试听页面中选择要试听的课程以及对应的教师即进入到所选课程的试听页面。这里选择了"会计基础学习班"中"讲座/徐经长"，则进入到该课程和教师的讲座内容页面，如图 7.16 所示。

（4）单击页面中的 Media 效果下的对应选项进入到视频试听播放页面，即可进行试听学习，如图 7.17 所示。

中华会计网校除了提供免费试听之外还有提供很多的学习资料、练习测试、学习记录、历年考试试题等供学员们进行参考练习。

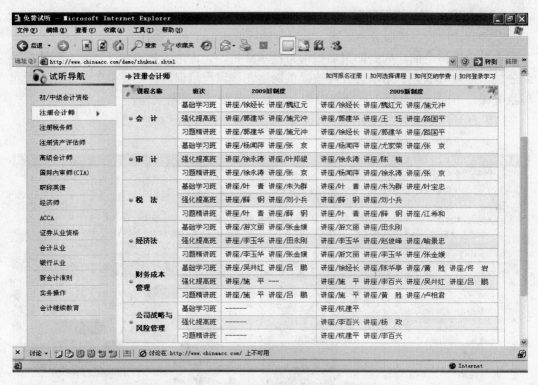

图 7.15 "注册会计师"的免费试听页面

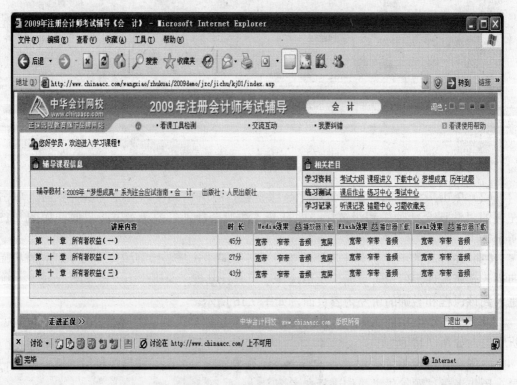

图 7.16 所选课程的试听页面

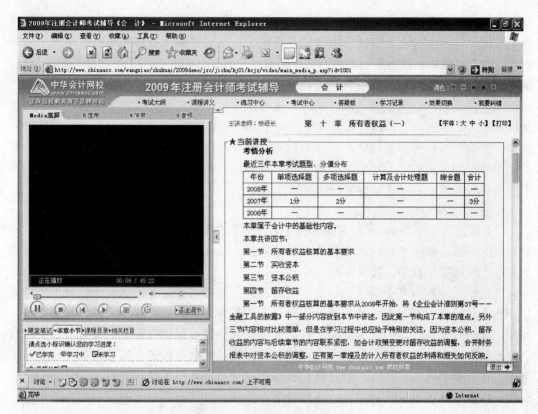

图 7.17　视频试听播放页面

【总结与深化】

Internet 走进普通人的生活不过十几年的时间，而建立在 Internet 基础之上的中国网络教育还不到 10 年。尽管中国的工业化较发达国家的工业化晚了不少年，但在网络教育上却差不多与西方发达国家同时起步。网络教育作为一种全新现代教育方式，在全球发展十分迅速，截止 2007 年底，美国有 300 万注册学员，英国开发大学有 200 万注册学员。而中国却已拥有 400 万注册学员，成为世界上网络教育学员最多的国家。

目前，在中国市场网络教育则广义涵盖了所有以网络以及其他电子通信手段提供学习内容、运营服务、解决方案及实施咨询的市场领域。从细分市场看，可分为基础教育、学历教育、职业培训、企业培训四个市场。基础教育起步于 10 年前，而学历教育则兴起于 1999 年—2000 年，肇始于各个大学的网络教育学院。从总体情况看，中国的网络教育市场总体处于起步阶段。随着中国的信息化程度、网民对网络教育认知程度、学历教育社会的认可度的提高，网络教育市场规模增长速度很快。预计到 2010 年中国网络教育用户将达到 2350 万人，中国网络市场将达到 441 亿元。伴随企业资金募集能力的增强和社会教育需求的持续增长，未来网络教育市场将呈现出"百花齐放"的态势，教育产业多元化、服务国际化和经营品牌化等趋势将不可避免。

现代远程教育是在科技发展和社会需求推动下形成的一种新型网络教育模式。它是以计算机、多媒体、现代通信等信息技术为主要手段，将信息技术和现代教育思想有机结合的一种新型教育方式。现代远程教育的教学手段比早期的函授教育、广播电视教育等丰富得多，教学内容覆盖社会生活的方方面面，打破了传统教育体制的时间和空间限制，打破了以老师传授为主的教育方式，有利于个性化学习，扩大了受教育对象的范围。现代远程教育是构筑知识经济时代人们终身学习体系的主要手段。能够有效地扩充和利用各种教育资源，有利于推动教育的终身化和大众化，在信息时代的学习化社会中将起到越来越大的作用。现代远程教育几乎运用了 20 世纪 80 年代以来所有信息领域的最新技术，传输手段趋向于多元化，特别是近几年各种网络技术的飞越发展，为信息特别是多媒体信息的传播提供了可靠的技术支持，也为远程教育的发展提供了更加丰富的技术手段，极大地推动了现代远程教育的发展。

1．基本特征

（1）开放性。以 Internet 和多媒体技术为主要媒介的现代远程教育，突破了学习空间和时间的局限，赋予了现代远程教育开放性特征。现代远程教育不受地域的限制，提供的是师生异地同步教学，教学内容、教学方式和教学对象都是开放的，学习者不受职业、地区等限制，这将有利于解决偏远地区受教育难的问题，有助于国家整体教育水平的提高，为全体社会成员获得均衡的教育机会，为"教育公平"成为现实提供了物质支持；现代远程教育不受学习时间的限制，任何人任何时候都可能接收需要的教育信息获得自己需要的教育内容，实现实时和非实时的学习。现代远程教育的开放性特征，还带来了远程教育大众普及性的特点，教育机构能够根据受教育者的需要和特点开发灵活多样的课程，提供及时优质的培训服务，为终身学习提供了支持，有利于学习型社会的形成，具有传统教育所不可比拟的优势。

（2）技术先进性。远程教育的资源的发布依靠先进的技术为支持，现代远程教育的技术支撑是以计算机技术、软件技术、现代网络通信技术为基础，数字化与网络化是现代远程教育的主要技术特征。先进和现代教育技术，极大地提高了远程教育的交互功能，能够实现老师与学生、学生与学生之间多向互动和及时反馈，具有更强的灵活性。多媒体课件使教学资源的呈现形式形象生动，提高了远程教育质量，有利于学习者理解和掌握，有利于学习者潜能的发挥，启发创新意识，提高教学效果。

（3）自主灵活性。现代远程教育的特点之一是以学生自学为主，老师助学为辅。它能够满足受教育者个性化学习的要求，给受教育者以更大的自主权。它改变了传统的教学方式，受教育者可以根据自己选择的方式去学习，使被动的接受变成主动的学习，把传统的以"教"为主的教学方式，改变为以"学"为主，体现了自主学习的特点；一方面，受教育者可以自主地选择学习内容，同时，它也可以针对不同的学习对象，按最有效的个性化原则来组织学习，根据教育对象的不同需要和特点，及时调整教学内容，做到因材施教。另一方面，受教育者可以灵活自主地安排时间进行学习，不受传统教育方式时间固定的限制。

（4）资源共享性。现代远程教育利用各种网络给学习者提供了丰富的信息，实现了各种教育资源的优化和共享，打破了资源的地域和属性特征，可以集中利用人才、技术、课程、设备等优势资源，以满足学习者自主选择信息的需要，使更多的人同时获得更高水平的教育，提高了教育资源使用效率，降低了教学成本；现代远程教育学习方式打破了时空限制，学校不必为学生安排集中授课，更不必为学生解决食宿交通等问题，方便了学生学习，节约了教育成本。

2. 实现网络教育主要的几个途径

（1）E-mail。E-mail 是学生和教师之间最常使用的通信工具。师生之间可以交换有关作业、学术建议或者学习计划的消息。

（2）计算机讨论会。Internet 上的计算机讨论会类似于拨号公告牌系统，就各种论题进行公开讨论，形成关于许多题目的虚拟对话。此外，计算机讨论会可以支持未曾谋面的学生间的协作学习计划。

（3）Gopher。Gopher 支持大量远程教育活动。它提供对文本和图像的菜单访问，以及与其他 Gopher 的链接。Gopher 提供通往 Internet 数据库、档案，以及图书馆的各种通路。教师给学生有关 Gopher 上的信息，能够提供大量最新的学习资料。

（4）FTP。许多远程教育事业用 FTP 网点保持 ASCII 和二进制数材料，这就允许学生存放和检索格式化的文字处理文件、电子表格和数据库文件、可执行文件、图片以及其他二进制数和 ASCII 文件。

（5）WWW。WWW 网点或网页正成为通过 Internet 进行远程学习的最普遍的助手。因为网页可以包含文字、图像、电影、声音等，很适合传递远程学习的材料。

随着国家经济的飞速发展，知识成为第一生产力，人们对知识的重视超过以往的任何一个年代；随着中国网民快速增长和对计算机操作水平的提高；随着国家对网络教育的支持；中国网络教育市场有着不可估量的发展潜力。

【实践与体会】

1. 如何获取和使用网络教育资源？
2. 网络教育有何优缺点？与普通教育有何区别？
3. 如何在网上获取考试试题资源？
4. 在"世纪文学"网站上阅读小说。对网上阅读有何感想？
5. 下载"天天读报"软件进行读报。
6. 请说明你是如何进行网上提问和讨论？

项目八 网 上 购 物

【项目应用背景】

购物除了上专卖店、连锁店、超市、百货公司、仓储商场等购物场所进行外，可以足不出户而享受购物的乐趣吗？只要一台计算机、一根网线就可以实现。随着Internet在中国的进一步普及应用，网上购物逐渐成为人们的网上行为之一。网上购物可以把传统的商店直接"搬"回家，在计算机上敲几个键，利用Internet直接购买自己需要的商品或者享受自己需要的服务。小到一包纸巾、一支笔，大到一个沙发、一台跑步机，吃的、用的、穿的、玩的、戴的、看的，几乎所有的日常生活用品都可以通过网络进行洽谈和交易。2009年上半年，全国网络购物消费金额总计为1195.2亿元。网上购物的人不分年龄大小，不分职业，也不分性别，无论你是以下各种类型中的哪种买家，网上购物都能满足你的需求：

1. 时尚型买家：网上购物提供了世界各地、琳琅满目的商品，没有找不到的，只有想不到的。

2. 忙碌型买家：网上购物从交谈、付款、收货等整个交易过程，只要能上网就可以通过Internet轻松搞定。无论是白天还是黑夜，无论国内还是国外，由于操作方便，甚至一支烟的功夫就可以完成订购，十分方便快捷。

3. 懒惰型买家：不想出门，但有必用品要买时可以通过网上购物解决烦恼。

4. 内向型买家：网上购物帮你免去面对面讨价还价的尴尬，即使你将所有商品都看个够，最后决定不买，也无须看人脸色。

5. 寂寞型买家：网上购物不必费心找人陪同，你可以根据喜欢喜好自由选择不同地区的卖家进行交流。用户对商品的评论可以帮助你加深对商品的了解。

6. 精挑细选型买家：逛商店只能一个一个地逛，一整天的时间也只能跑几家店，劳心劳力，而在Internet上你查找一类商品，就可以浏览成百上千个网店，货比三家，价格还比商场要便宜。

【预备知识】

网上购物是电子商务，就是通过Internet检索商品信息，并通过电子订购单发出购物请求，确定付款方式确认订单后，厂商通过邮购的方式发货，或是通过快递公司送货上门。付款方式目前有通过银行汇款、电子支付和货到付款等。有调查结果显示，网民中超过80%选择过汇款或者网上支付的方式进行付款，此外比较多的选择为货到付款。

目前国内较专业的购物网站包括淘宝网（http://www.taobao.com）、易趣网（http://www.

eachnet.com）、当当网（http://www.dangdang.com）、卓越网（http://www.joyo.com.cn）等大型电子商务网站。

网上购物的流程类似商场购物，可以通过首先是登陆某个专业的购物网站或者公司的官方网站，对于购物网站的选择要谨慎，注意查看交易次数、网友评论等信息。然后通过站内搜索等途径查找商品，挑选商品。挑选好商品后通过站内短信、留言、在线客服的交流、QQ、淘宝旺旺等方式联系卖家，进行交易的咨询和商谈，确认购买后选择购买方式、选择送货方式和收货验货等几个步骤后完成交易。

电子支付是指从事电子商务交易的当事人，包括消费者、厂商和金融机构，使用安全电子支付手段通过网络进行的货币支付或资金流转。电子支付具有方便、快捷、高效、经济的优势。用户只要拥有一台能上网的计算机，便可足不出户，在很短的时间内完成整个支付过程。支付费用仅相当于传统支付的几十分之一，甚至几百分之一。购物网站主要的电子支付方式是网上银行，或者是第三方网上支付平台，如拍拍网的财富通、淘宝网的支付宝、易趣的安付通等，不过前提都是需要开通网上银行。

网上银行又称网络银行、在线银行，是指银行利用Internet技术，通过Internet向客户提供开户、销户、查询、对账、行内转账、跨行转账、信贷、网上证券、投资理财等传统服务项目，使客户可以足不出户就能够安全便捷地管理活期和定期存款、支票、信用卡及个人投资等。可以说，网上银行是在Internet上的虚拟银行柜台。网上银行又被称为"3A银行"，因为它不受时间、空间限制，能够在任何时间（Anytime）、任何地点（Anywhere）、以任何方式（Anyhow）为客户提供金融服务。

第三方支付平台指在电子商务企业与银行之间建立一个中立的支付平台，为网上购物提供资金划拨渠道和服务的企业。有收费也有免费的。国内免费的第三方支付平台有支付宝、财富通、贝宝等；收费的有网银在线、快钱、环迅IPS、首信易、云网、YEEPAY等；银联支付是政府的。

想要在购物网站上购买商品，首先要注册成为网站会员。用户名，也就是会员账号，是进行新用户注册时申请的会员标识，在购物网站是唯一的。再次光临时只要输入用户名和密码，单击"登录"，根据用户名就能确定你的相关信息信息。同时，在购物网站进行其他活动如发表评论、商品咨询、查看购物车、参加各种网站活动等，都需要使用用户名做唯一识别。

【项目实施方法与过程】

任务一：注册购物网站会员

例如想要在淘宝网上购物，首先要在淘宝网上注册，成为淘宝网的会员。

（1）打开IE浏览器，在地址栏中填入地址"http://www.taobao.com/"，然后按回车键打开淘宝网的首页，如图8.1所示。

（2）在淘宝网的首页的右上方单击"免费注册"，弹出如图8.2所示页面，选择用手机号码注册还是邮箱注册。

（3）淘宝网的会员注册页面，如图8.3所示。

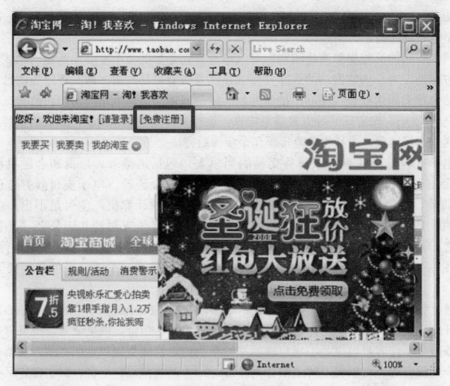

图 8.1　淘宝网首页

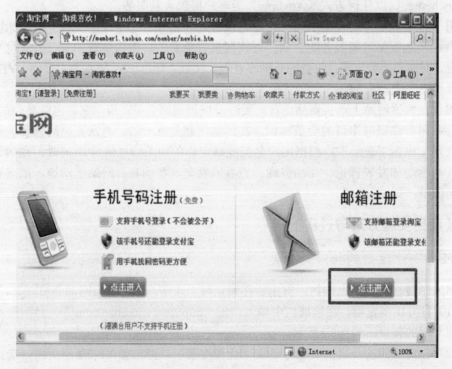

图 8.2　选择注册方式页面

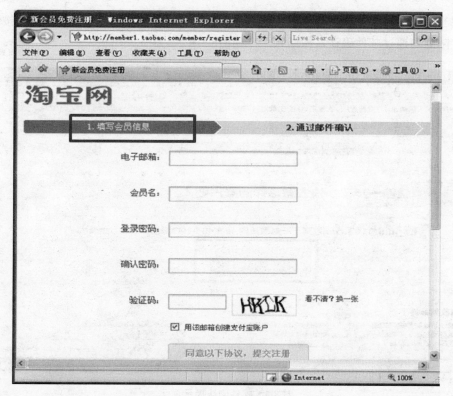

图 8.3　会员注册页面（1）

（4）填写注册信息，包括会员名、密码、确认密码、电子邮件和校验码，如果填写符合规范，文本框的右键会出现一个"√"，否则，会有相应的错误提示，如图8.4所示。

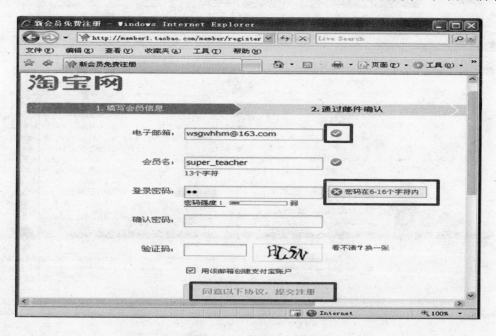

图 8.4　注册页面（2）

（5）正确填写完注册信息后单击页面最下方的"同意以下协议，提交注册"按钮后，需要登陆邮箱通过邮件确认，激活账户，如图8.5所示。

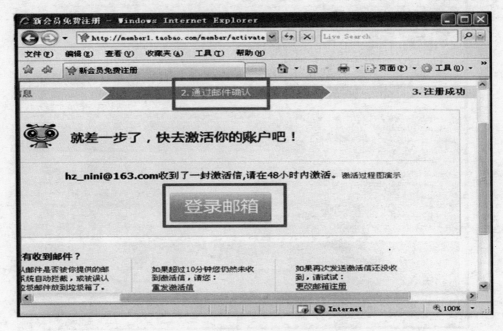

图 8.5　邮件确认提示页面

（6）单击"登陆邮箱"按钮后页面转到163邮箱登陆页面，如图8.6所示。

图 8.6　163邮箱登陆页面

（7）输入用户名和密码，打开收件箱，找到淘宝网发来的新邮件，阅读此邮件，如图 8.7 所示。

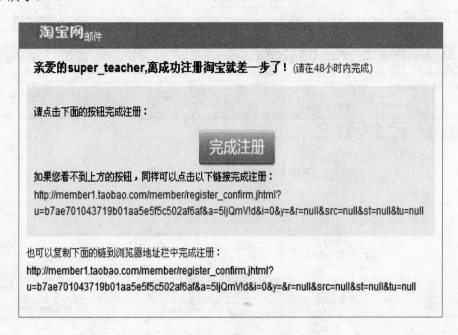

图 8.7　邮件确认提示页面

（8）单击邮件中的"完成注册"按钮，页面跳转回淘宝网，提示注册成功的提示，可在页面的左上角看到此时已经登陆淘宝，显示当前的登录名，如图8.8所示。

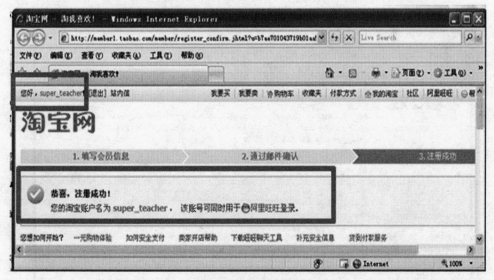

图 8.8　注册成功页面

任务二：在淘宝网上选购商品

注册成功后，就可以再该网站上购买商品了，例如以购买佳能数码相机为例，具体操作如下：

（1）打开淘宝网的首页，单击页面右上角的"请登陆"超链接，打开会员登陆页面，如图8.9所示。

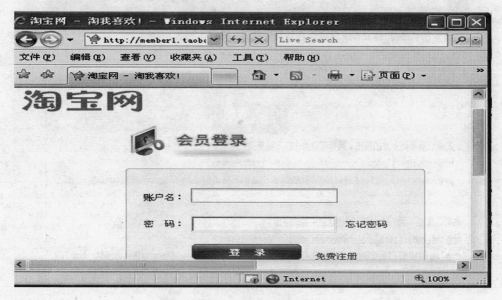

图 8.9　会员登陆页面

（2）如果密码输入错误，则进行相应提示，并为提高安全性要求输入校验码，如图8.10所示。

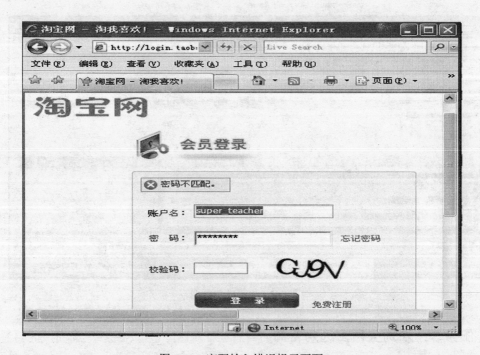

图 8.10　密码输入错误提示页面

126

（3）输入刚注册的会员名和密码，单击"登陆"按钮后再次登陆淘宝网首页，和刚才不同的是此次是以会员的身份登陆的，首页左上角上的"欢迎来到淘宝"处现在以登录名显示，"请登陆"处现在以"退出"超链接显示，如图8.11所示。

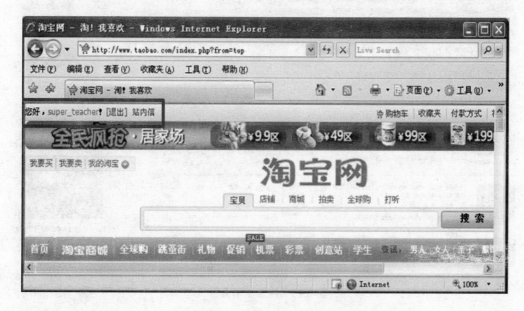

图 8.11　会员登陆淘宝网首页

（4）该页面显示了所有宝贝的类目，以及推荐商品，由于商品琳琅满目，品种繁多，可以使用在选项卡中选择"宝贝"，然后在文本框内输入需要购买商品的名称，越详细越好，如"佳能 数码 相机"，如图8.12所示。

图 8.12　搜索条

（5）然后单击"搜索"按钮，随后的页面会显示所有的搜索结果，页面的右边和下方显示的都是淘宝网"掌柜热卖"的佳能数码相机，左边的是所有商品显示列表，如图8.13所示。

（6）对于感兴趣的商品，想对产品看的更仔细点，可以将鼠标放在最左边的小图上1s~2s，在小图右边会弹出相应的大图，如图8.14所示。

（7）如果在挑选商品时需要对不同的商品进行对比，可以选中多个商品后面的复选框，如图8.15所示。

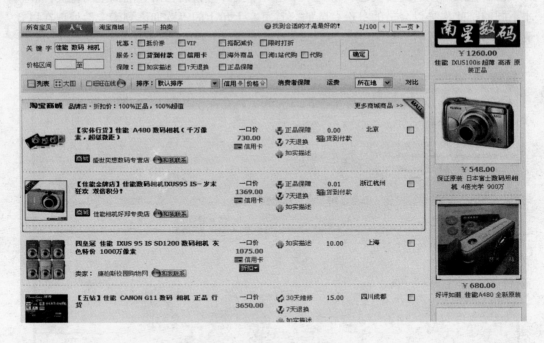

图 8.13　搜索显示页面

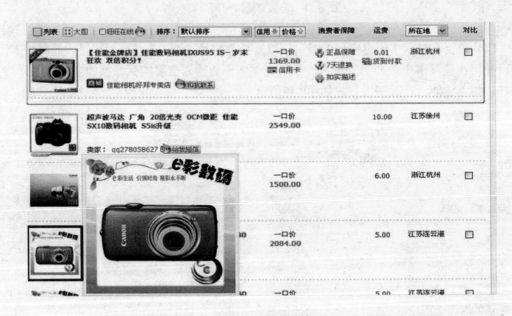

图 8.14　看大图

（8）单击"选中对比框"按钮，弹出如图8.16所示页面，该页面罗列了所选中所有商品的详细信息，买家可以通过数据的比对进行挑选。

（9）对于自己感兴趣的商品，可以单击其缩略图可以查看更为详细的产品信息，如图8.17所示页面。

图 8.15 选中对比商品

图 8.16 对比商品页面

　　（10）确定购买，选定颜色和套餐，只需要单击"立刻购买"按钮进入"确认购买信息"页面，如图8.18所示。需要在此步骤中确认收货的地址、购买信息等。

图 8.17　详细产品信息

图 8.18　确认购买信息页面

（11）根据提示填写相关信息并确认无误后单击"确认无误，购买"按钮，进入支付页面，然后根据提示完成付款就可以了，如图8.19所示。

图 8.19　支付页面

【总结与深化】

1. 申请免费的用户账号

在浏览器的地址栏上，输入需要购物的网站网址，单击购物网站首页中的"免费注册"超链接。通常在申请账号时要填写邮箱（用户名）、会员名（昵称）、密码、验证码等信息。申请成功后，要牢记邮箱，以便找回密码以及会员名（昵称）以便登陆。

2. 购物流程

（1）搜索商品：通过输入商品名称或关键字进行商品搜索。在商品搜索处，可以选择商品的类别，然后在内容栏输入商品名称或关键字，单击"查找"按钮，即可搜索出所有符合条件的商品，并提示约有多少条查询结果。

（2）放入购物车：放入购物车就是在挑选商品后，在商品详细页面单击"购买"按钮，将商品放入购物车中暂时保存。购物车是一种快捷购物工具。通过购物车，可以一次性批量购买多个商品，并可一次性付款完成购物。购物车就像超市购物的提篮，在没有结账离开超市前可以随时增加或者删除商品。

（3）订单确认：需要填写真实的收货人姓名、所在地区、详细的收货地址、邮编和联系电话；选择送货方式，包括有快递、邮递、EMS等可供选择；选择付款方式，一般提供了网上支付、货到付款、邮局汇款、银行转账等多种支付方式。

（4）收货和评价：务必在收到商品时验货，如存在商品包装破损、商品短缺或错误、商品存在表面质量问题等情况可以当场办理退货或者拒绝签收。收到或者使用商品后可以阐述自己的观点和理由去评价商品的好或不好，以帮助其他顾客判断商品是否适合自己。

3．关于付款的几种方式

1）货到付款介绍

货到付款服务就是买家收到货，验货后再付款。是较多成熟的购物网站支持的一种支付和物流方式。其特点是：

（1）买家无需网上银行。

（2）降低买家网上购物的门槛。

（3）扩大卖家推广市场。

（4）增加更多的消费人群。

使用货到付款服务，买家需要向物流公司支付一定的手续费，根据发货送货地区间距的距离大小而异。当当、亚马逊等网站经常会有优惠活动，如果送货方式选择普通快递送货上门及平邮订单免5元配送费。

2）在线支付

在线支付是指卖方与买方通过Internet上的电子商务网站进行交易时，银行为其提供网上资金结算服务的一种业务。它为企业和个人提供了一个安全、快捷、方便的电子商务应用环境和网上资金结算工具。

在线支付是一种通过第三方提供的与银行之间的支付接口进行支付的方式，这种方式的好处在于可以直接把资金从用户的银行卡中转账到网站账户中，汇款马上到账，不需要人工确认。与到银行转账（包括通过网上个人银行转账或者到银行柜台办理现金转账）的最大区别就在于可以自动确认预付款。

在线支付的安全性由银行方面保障，当用户选择了在线支付后，在需要填写银行卡资料时，实际上已经离开本站服务器，到达了到银行的支付网关。国内各大银行的支付网关，都采用了国际流行的SSL或SET方式加密，可以保障用户的任何信息不会被任何人窃取。因为在线支付是在银行的支付网关中完成的，所以用户不必担心银行卡资料会在经由站点泄露。

目前在线支付方式有快钱、Paypal、支付宝、财付通、网上银行支付、信用卡支付。

在线支付的优点有：

（1）由于拥有交易凭证，所以售后服务得到保障。

（2）便捷——无需去银行排队等候。

（3）安全——在线支付方式除了具备第三方付公司提供的风险控制系统外，更有强大的银行风险控制系统和信用卡组织的信用卡数据库作为保障。

（4）实时——一切操作都在线完成，买卖双方都能够在最短的时间内查询到支付成功与否的情况。

（5）网上付款的也存在着一定的缺点：由于申请网上银行必须要年满18周岁，所以18岁以下的人群在网上交易比较麻烦。

快钱、Paypal、支付宝、财付通等作为第三方网上支付平台相当于一个中介人的角色，连接着卖家与买家。买家在网上选定要购买的商品后，先将货款支付给第三方网上支付平台，平台收到货款后通知卖家发货，等买家收到商品检验满意后给出确认信息，第三方网上支付平台才将货款转入卖家的账户中。由于在整个交易过程中货款是寄存在第三方网上支付平台这个"中介人"处的，因此买家不用担心自己付款以后卖家不发货，卖家也不必担心发货以后买家不付款。例如在淘宝网购物，会有如下情况：

（1）在收到货没有问题后应及时付款给卖家，通过"我的淘宝"—"已买到的宝贝"找到相关的交易，在"交易状态"一栏下单击"确认"进行确认付款的操作，如图8.20所示。

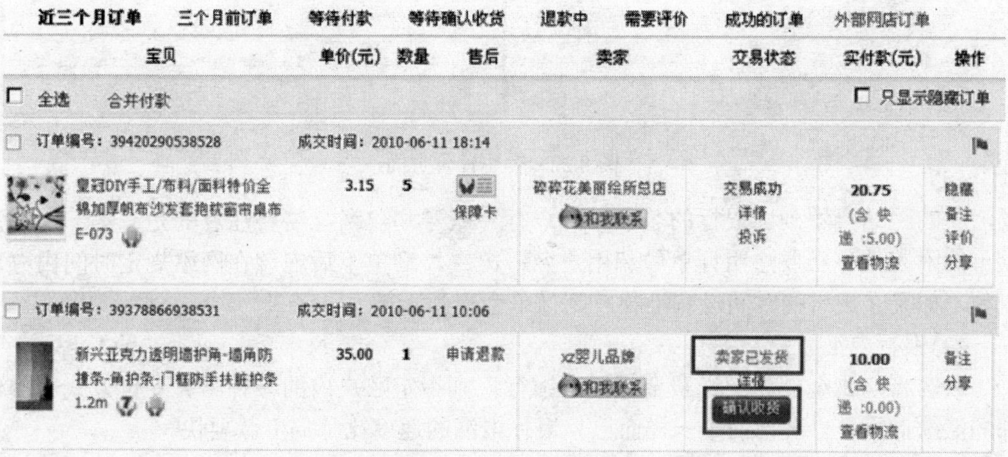

近三个月订单	三个月前订单	等待付款	等待确认收货	退款中	需要评价	成功的订单	外部网店订单
宝贝		单价(元)	数量	售后	卖家	交易状态	实付款(元)	操作

图 8.20　确认收货页面

（2）交易成功后买家可以对所购买的商品进行信用评价操作，进入"我的淘宝"—"我是买家"—"已买到的宝贝"里，找到"交易成功"的交易，单击"评价"，如图8.21所示。

图 8.21　信用评价入口页面

（3）单击后，上面部分显示信用评分（可评论），下面部分显示店铺评分（无法评论），信用评价的操作如图8.22所示。

3）邮局汇款

邮局汇款是顾客将订单金额通过邮政部门汇到网站指定银行的一种结算支付方式。需要一定的手续费用。在邮局汇款之后要保管好自己的汇款回执单，作为凭据。支持邮

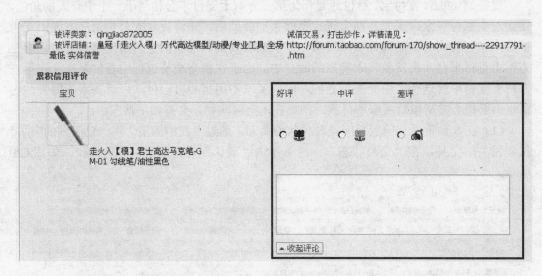

图 8.22　信用评价页面

局汇款的网站会罗列出银行的名字、开户行、账号和户名，需要注意的是：第一，在汇款单的附言处务必要注明订单号和用户名；第二，订单下后应该在网站规定时间内办理汇款，如果在规定的时间没有汇款，则订单会视为无效。

4）银行电汇

顾客将购物金额和配送费金额通过银行汇到指定账户内的一种结算支付方式。类似邮局汇款，只是办理部门不一样而已。银行电汇的速度比邮局汇款要快。

4．购物搜索引擎

网上购物也需要货比三家，其实"比较购物"心态不仅仅在商场购物中是这样，在网络购物上也是体现的，手机之家网站就是一个例子，买手机之前先上去查找一阵子，比比价格，比比性能，比比款式。这就是国内比较购物网站的雏形。

购物搜索引擎是从比较购物网站发展起来的，比较购物最初是为消费者提供从多种在线零售网站中进行商品价格、网站信誉、购物方便性等方面的比较资料，随着比较购物网站的发展，其作用不仅表现在为在线消费者提供方便，也为在线销售上推广产品提供了机会，实际上也就等类似于一个搜索引擎的作用了，并且处于网上购物的需要，从比较购物网站获得的搜索结果比通用搜索引擎获得的信息更加集中，信息也更全面（如有些比较购物网站除了产品价值信息之外，还包含了包含对在线销售商的评价等），于是比较购物网站也就逐渐发展演变为购物搜索引擎。

随着国内 B2B 和 B2C 最近几年的蓬勃发展，购物比较网站（购物垂直搜索网站）的出现也就成为必然，为购物节省了大量的时间和精力。目前国内主要购物比较网站有 Google 购物搜索（http://www.google.cn/gouwu）、有道购物搜索（http://gouwu.youdao.com/）、YY 购物搜索（http://www.askyaya.com/）、聪明点（http://www.smarter.com.cn/）等。

以 Google 为例来说明如何使用购物垂直搜索服务。

（1）打开 IE 浏览器，在地址栏中填入地址"http://www.google.cn/gouwu"，然后按回车键打开在购物搜索引擎网站的首页，如图 8.23 所示。

图 8.23　购物搜索首页面

（2）在搜索文本框内输入"诺基亚"，单击"搜索商品"按钮，出现搜索结果比较页面，如图 8.24 所示。通过排序方法的选择可以按价格或者是商品的评分等显示方式查看结果，也可以根据页面左边的导航查看不同价格区间的产品等。

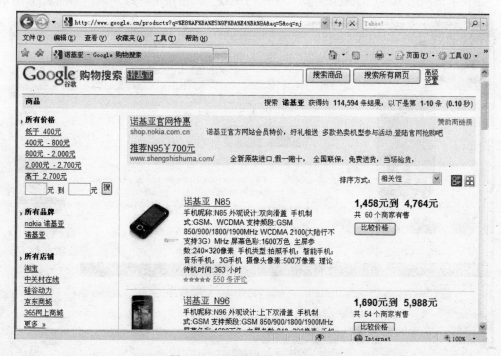

图 8.24　购物搜索结果显示页面

（3）对于需要的商品可以单击右边的"比较价格"按钮查看详细介绍，由于搜索结果来自于被收录的网上购物网站，因此所有销售该商品的网站上的产品记录都会被检索出来，用户可以根据产品价格、对网站的信任和偏好等因素进入所选择的网上购物网站购买产品，如图8.25所示。

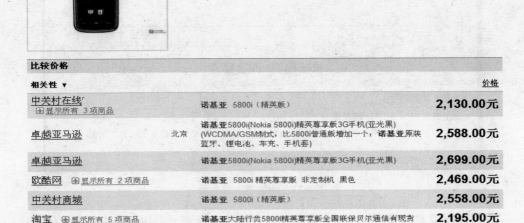

图 8.25　查看具体商品信息

（4）单击网站名称的超链接，如"中关村在线"，直接进入该网店，如图8.26所示。

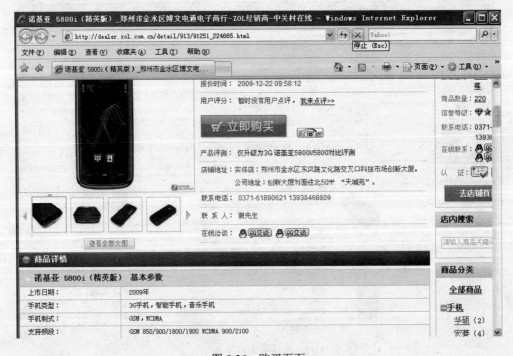

图 8.26　购买页面

购物搜索引擎与一般的网页搜索引擎相比的主要区别在于：除了搜索产品、了解商品说明等基本信息之外，通常还可以进行商品价格比较，并且可以对产品和在线商店进行评级，这些评比结果指标对于用户购买决策有一定的影响，尤其对于知名度不是很高的网上零售商，通过购物搜索引擎，不仅增加了被用户发现的机会，如果在评比上有较好的排名，也有助于增加顾客的信任。

随着电子商务的飞速发展，随着网上交易习惯的日益养成，随着买家和卖家对网络购物的服务、品牌的需求提高，他们就会选择更有可信度的 B2C 卖家。面对大量的 B2C 出现，买家必然会需要一个搜索导购，有了"购物搜索引擎"就等于有了购物"入口"，可见"购物搜索引擎"无疑会成为人们购物的第一工具。

5. 在线交流

购物前需要和卖家询问洽谈，甚至讨价还价，这一切都是必要的交流，可以用 QQ 等在线交流的工具，或者利用网站本身提供的工具，如淘宝网的阿里旺旺。以阿里旺旺为例进行操作说明。

（1）通过"http://www.taobao.com/wangwang/"页面可以下载该软件，如图 8.27 所示。

图 8.27　阿里旺旺下载页面

（2）下载后进行安装使用，安装成功后打开登录界面，如图 8.28 所示。在"账号类型"中选择想要登录的账号类型，然后输入会员名和密码，单击"登录"按钮即可。在登录前，还可以选择合适的状态，在登录后即会在用户名后显示相应的状态，系统默认选择的是"我有空"状态。如果不想每次登录旺旺时都输入会员名和密码，可以勾选"记住密码"。如果不想每次都单击"登录"按钮进行登录，可以勾选"自动登录"。在选择了"记住密码"以后才能选择"自动登录"。

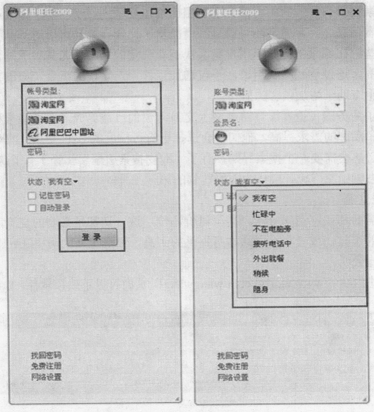

图 8.28　阿里旺旺登录页面

（3）在旺旺好友界面下方，单击"添加好友"按钮，根据提示查找对方账号，添加对方为好友之后，再到联系人列表中找到对方账号，在联系人列表中，双击对方账户名，也可以打开和对方即时聊天的窗口，如图 8.29 所示。

图 8.29　登录后页面

将卖家增加为好友后，在"系统设置"中单击"聊天记录"，可以在此对聊天记录的保存和显示做出设置。默认勾选"将我的聊天记录保存到旺旺服务器上"功能，这样就可以通过查看在线聊天记录功能查看聊天记录。

6．网上购物需要注意的一些事项

网上购物存在着一定的风险，包括货物的真假、交易的欺诈、描述的不符合等。平时多掌握了一些网上购物的知识，借鉴他人的网上购物经验，就完全可以趋利避害。要点如下：

（1）选平台。尽可能找信誉好的大型的购物网站，在网上购物务必要小心钓鱼网站。简单地说，钓鱼网站就是仿冒知名购物网站，然后，等你把钱打过去后，就跟石沉大海一样，一直收不到任何货物。

（2）选商家。几乎所有的购物平台都有信用评价体系，可以通过查看买家对卖家的评价来判断卖家的信誉和服务质量。购物前要学会看评语好坏、信用等级高低、做的时间长短、好评百分比，特别是长时间以来得到很多顾客热情赞许的一般都是很优秀的卖家。

（3）选产品。不同网站上同类的产品很丰富，有时间最好事先做一下产品调研，了解产品的详细介绍，好的产品往往也是网上比较热门的产品。

（4）认价格。俗话说便宜没好货。通常价格低得离谱的可信度比较低，因为这种情况要么商家是个新手，要么东西是二手的、样品、试用装、生产日期比较长，要看清楚还要问清楚。商品仿造和假冒的可能性较大。

（5）多沟通。网上购物无法看到摸到，所以在下单之前要多沟通，有不清楚的、有怀疑的都可以问，直到明白为止，顺便还可以还还价。买后也要沟通，有问题可以商量解决，不满意可以要求退货，达不成协议可以去投诉。商务部出台了《关于网上交易的指导意见（暂行）》，提醒网上交易者，网络交易存在一定风险，在使用网上交易之前要尽可能地多了解对方的真实身份，并注意保存网上交易记录。

（6）选择合适的支付手段。最好选择第三方支付工具，安全又便捷。当买卖双方有纠纷时，使用第三方支付工具支付的通过投诉追回损失，并给不良卖家以惩罚。

【实践与体会】

1．分别在淘宝网和当当网注册用户，分析和比较在这两个网站购物有何区别？

2．想要在网上购买一条围巾，应该如何快速有效地查找商家？

3．网上商场与传统商场有什么区别？你可能会去网上商场购买哪些商品？Internet上有很多网上商店，有的是经营软件、信息等无形产品的，有的是经营服装、食品等有形商品的，它们的配送方式有什么不同？

4．进入当当网（htttp://www.dangdang.com）或国内的其他图书销售网站，在网站上为自己购买一本喜欢的书籍，体验一下网上购物的经历，熟悉其购物流程和支付方式，了解其配送方式。

项目九　网 上 银 行

【项目应用背景】

伴随着 Internet 应用环境的日渐成熟，电子商务、电子服务（E-services）等新型商务模式的种类和规模得到了迅速的发展，并逐步得到大多数人的接受和认可。网上购物、网上理财等所有的这些 Internet 金融交易的服务行为的发展，都要求传统的商业银行或金融机构提供一种基于 Internet 技术的开放的支付结算服务，提供网上银行服务。

网上银行又称网络银行、在线银行，是指银行利用 Internet 技术，通过 Internet 向客户提供开户、销户、查询、对账、行内转账、跨行转账、信贷、网上证券、投资理财等传统服务项目，使客户可以足不出户就能够安全便捷地管理活期和定期存款、支票、信用卡及个人投资等。可以说，网上银行是在 Internet 上的虚拟银行柜台。

虽然网上银行在我国的发展时间不是很长，但由于能为广大网民提供方便、快捷的服务，所以从网上银行产生开始便受到广大网民的欢迎。经过几年的发展，我国的网上银行已初具规模，基本上形成了以国有银行、股份制中小银行以及外资银行为主体的竞争格局。

无论在我国还是在全球，在 Internet 金融与商务活动中占据着很重要的地位，网上银行业务发展已经成为必然趋势。

随着 Internet 的普及以及网络金融的发展，网上银行呈现出蓬勃的发展势头，作为电子商务服务系统广泛发展的基础，越来越多的网民开始尝试使用网上银行服务，调查显示，有近 90%的网民使用过网上银行服务。

与传统银行相比，网上银行最大的竞争优势在于服务不受时间和空间的限制，广大网民足不出户就能享受到方便、快捷的服务，此外网上银行还具有低成本优势，这也是广大网民选择使用网上银行的一个主要原因。

【预备知识】

网上银行的分类：网上银行发展的模式有两种：一是完全依赖于 Internet 的无形的电子银行，也叫"虚拟银行"，所谓虚拟银行就是指没有实际的物理柜台作为支持的网上银行，这种网上银行一般只有一个办公地址，没有分支机构，也没有营业网点，采用国际 Internet 等高科技服务手段与客户建立密切的联系，提供全方位的金融服务。以美国网上银行为例，它成立于 1995 年 10 月，是在美国成立的第一家无营业网点的虚拟网上银行，它的营业厅就是网页画面，当时银行的员工只有 19 人，主要的工作就是对网络的维护和管理；另一种是在现有的传统银行的基础上，利用 Internet 开展传统的银行业务交易服务，即传统银行利用 Internet 作为新的服务手段为客户提供在线服务，实际上是传统银行服务在 Internet 上的延伸，这是目前网上银行存在的主要形式，也是绝大多数商业银行采取的网上银行发展模式。因此，事实上，我国还没有出现真正意义上的网上银行，也就是"虚拟银行"，国内现在的网上银行基本都属于第二种模式。

网上银行可以提供功能：

（1）查询类业务：包括账户余额查询、账户历史明细查询、账户缴费查询等。

（2）账户管理：包括挂失、修改密码等。

（3）转账类业务：包括内部转账、支付转账等。

（4）中间业务：主要是代缴费类业务。

（5）集团公司理财业务：包括子公司账户余额查询、历史明细查询、子公司资金上划、母公司资金下划、子公司间调拨、母公司通过子公司账户支付等。

（6）帮助企业客户进行内部财务管理：主要是对发放给客户的客户证书进行角色分工设置，提供企业管理员对企业操作员的授权管理功能，达到对资金划拨的权限及复核控制。

一般来说，只要采取了足够的安全措施，网上银行就是安全的。安全措施是多层次全方位的。例如，为了抵御黑客入侵，可以在网络系统中安装高性能的防火墙和入侵检测系统（IDS）。为了防止不法分子诈骗可以采用强身份鉴别技术。现在使用最多、最普遍的密码或口令措施是一种简单易用的身份识别手段，但是安全性比较低，容易泄露或被攻破。更有效的方法是采用 PKI 技术设施，其核心就是使用数字证书认证机制。可以这样讲，如果网上银行系统中采用了数字证书认证技术，不法分子即使窃取了卡号和密码，也无法在网上银行交易中实现诈骗。

【项目实施方法与过程】

任务一：开通网上银行

以中国建设银行为例，要开通网上银行，需要在建设银行开设有银行账户，包括各种龙卡、定期存折、活期存折、一折通或一本通账户等；并拥有有效身份证件，包括身份证、护照、军官证等。同时具备使用 Internet 机器和网络条件，使用 IE6.0 以上浏览器。

（1）登录中国建设银行官方网站 http://www.ccb.com/，如图 9.1 所示。

（2）单击网页左边的"网上银行"按钮下方的"申请"，显示窗口如图 9.2 所示。服务选项"便捷支付客户网上自主开通"中的"现在开通"。

（3）在如图 9.3 所示的窗口中，阅读并同意个人客户服务协议及风险提示；单击下方的"同意"按钮。

（4）在如图 9.4 所示的窗口中，填写账户号码、账户密码和附加码。

（5）账户号码和密码验证通过后，输入身份证件类型、号码等信息。

（6）系统显示开立账户时预留的手机号码，客户输入获取到的手机验证码。

（7）验证码通过后，要求客户自行设置一个私密问题，并填写答案，以备日后更改手机号码使用。

图 9.1　中国建设银行官方网站

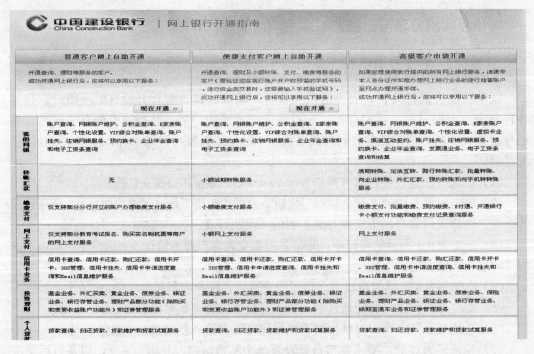

图 9.2　开通网上银行服务

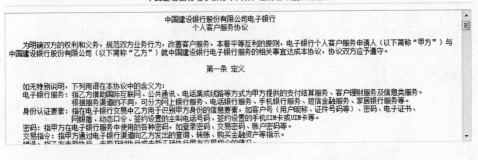

图 9.3　客户服务协议

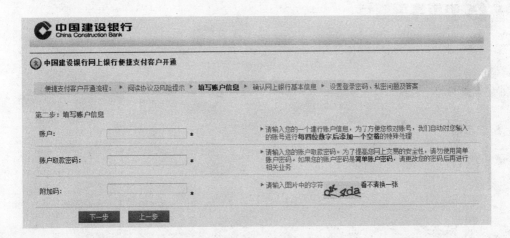

图 9.4　填入个人及账户信息

（8）设置网上银行登录密码。

（9）开通成功，即可进入网上银行。

（10）单击如图 9.1 所示窗口左边的"网上银行"按钮下方的"登录"，打开如图 9.5 所示窗口。单击"如果您是在银行柜台开通网上银行首次登录，请单击这里进入"，打开如图 9.6 所示窗口，进入首次登录页面后，输入证件号码、姓名。

（11）选择任意签约账户，并输入签约账户取款密码、附加码。

（12）设置您的个人网上银行登录密码和交易密码，如果您使用的是非预制网银盾客户，则提示您继续下载数字证书。

（13）单击"进入网上银行"，登录成功。

143

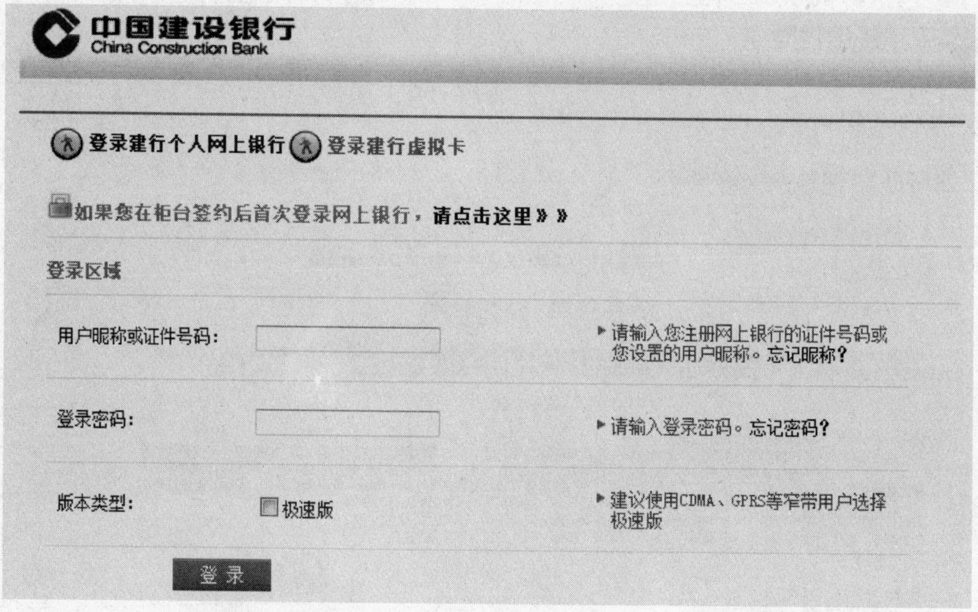

图 9.5 首次登录窗口（1）

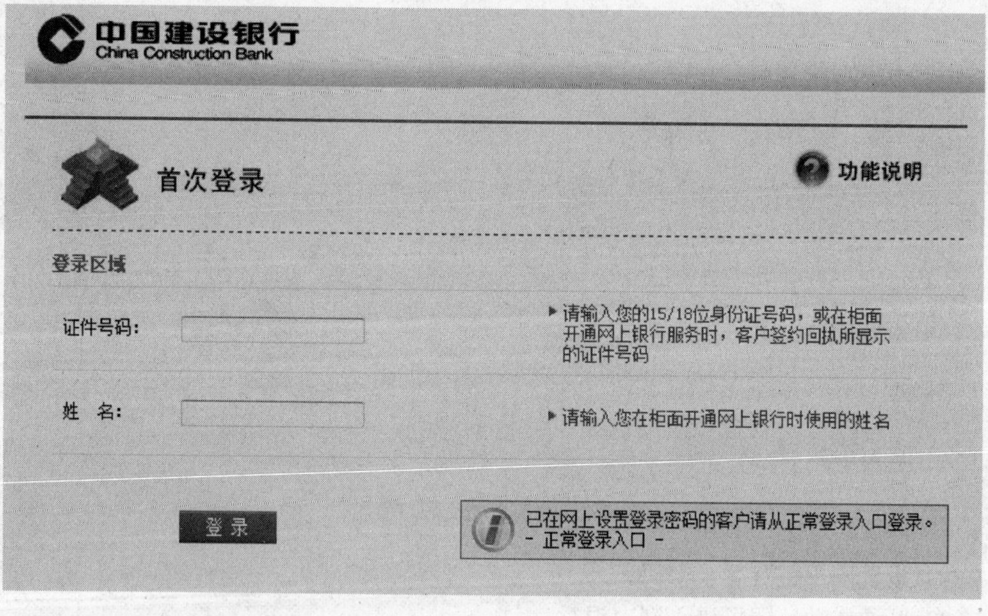

图 9.6 首次登录窗口（2）

在申请和首次登录网上银行的操作过程中，还需要注意以下三点：

第一，如您使用非预制证书网银盾作为网上银行安全产品，则使用此功能在成功设置网上银行登录密码和交易密码后，系统会要求您下载数字证书。此数字证书将在您进行相关账务交易时使用，请妥善保存。

第二，如您使用动态口令卡作为网上银行安全产品，则使用此功能在成功设置网上银行登录密码后，系统会要求您下载数字证书。此数字证书将在您进行相关账务交易时使用，请妥善保存。

第三，您设置的网上银行登录密码（或交易密码）不能是简单密码（6 个连续数字、6 个重复数字、生日等）。

任务二：使用网上银行

（1）在网上购物过程中，当选择好商品，进行支付，进入选择支付方式页面时，可选择建设银行支付。

（2）单击"确定"，进入建设银行支付页面。

（3）输入相关登陆信息，进入确认购买信息页面。

（4）确认购买信息，输入账户密码进行支付。

（5）支付成功，则可提取商品。

【总结与深化】

网上银行（Internetbank or E-bank），包含两个层次的含义，一个是机构概念，指通过信息网络开办业务的银行；另一个是业务概念，指银行通过信息网络提供的金融服务，包括传统银行业务和因信息技术应用带来的新兴业务。在日常生活和工作中，我们提及网上银行，更多是第二层次的概念，即网上银行服务的概念。网上银行业务不仅仅是传统银行产品简单从网上的转移，其他服务方式和内涵发生了一定的变化，而且由于信息技术的应用，又产生了全新的业务品种。

网上银行又称网络银行、在线银行，是指银行利用 Internet 技术，通过 Internet 向客户提供开户、销户、查询、对账、行内转账、跨行转账、信贷、网上证券、投资理财等传统服务项目，使客户可以足不出户就能够安全便捷地管理活期和定期存款、支票、信用卡及个人投资等。可以说，网上银行是在 Internet 上的虚拟银行柜台。

网上银行又被称为"3A 银行"，因为它不受时间、空间限制，能够在任何时间（Anytime）、任何地点（Anywhere）、以任何方式（Anyhow）为客户提供金融服务。

一般来说，网上银行的业务品种主要包括基本业务、网上投资、网上购物、个人理财、企业银行及其他金融服务。

1．基本网上银行业务

商业银行提供的基本网上银行服务包括在线查询账户余额、交易记录，下载数据，转账和网上支付等。

2．网上投资

由于金融服务市场发达，可以投资的金融产品种类众多，国外的网上银行一般提供包括股票、期权、共同基金投资和 CDs 买卖等多种金融产品服务。

3．网上购物

商业银行的网上银行设立的网上购物协助服务，大大方便了客户网上购物，为客户在相同的服务品种上提供了优质的金融服务或相关的信息服务，加强了商业银行在传统竞争领域的竞争优势。

4．个人理财助理

个人理财助理是国外网上银行重点发展的一个服务品种。各大银行将传统银行业务中的理财助理转移到网上进行，通过网络为客户提供理财的各种解决方案，提供咨询建议，或者提供金融服务技术的援助，从而极大地扩大了商业银行的服务范围，并降低了相关的服务成本。

5. 企业银行

企业银行服务是网上银行服务中最重要的部分之一。其服务品种比个人客户的服务品种更多，也更为复杂，对相关技术的要求也更高，所以能够为企业提供网上银行服务是商业银行实力的象征之一，一般中小网上银行或纯网上银行只能部分提供，甚至完全不提供这方面的服务。

企业银行服务一般提供账户余额查询、交易记录查询、总账户与分账户管理、转账、在线支付各种费用、透支保护、储蓄账户与支票账户资金自动划拨、商业信用卡等服务。此外，还包括投资服务等。部分网上银行还为企业提供网上贷款业务。

6. 其他金融服务

除了银行服务外，大商业银行的网上银行均通过自身或与其他金融服务网站联合的方式，为客户提供多种金融服务产品，如保险、抵押和按揭等，以扩大网上银行的服务范围。

【实践与体会】

1. 什么是网上银行，有什么特征？

2. 网银登录密码、交易密码和取款密码有什么区别？

3. 运用搜索引擎搜索国内各大银行的网址（尽量齐全），浏览其网站，在实训总结中写出这些银行和网址，发行银行卡的名称以及客户服务号码（完成表格内容），并对其各自的网上银行进行比较。

4. 登录中国工商银行网站首页，单击个人网上银行和企业网上银行菜单下的"动态演示"，学习工商银行的网上银行业务。

5. 利用 Internet 在网上查询你个人的资金账户余额及交易记录，学习网上银行业务的使用。

6. 浏览访问电子商务网站，熟悉网上购物流程和了解网上结算方式的种类。

项目十 网上开店

【项目应用背景】

淘宝开店对于刚刚踏入社会的学生来说是一种较好的创业方式：投资较为灵活，可多可少，依据自己的能力量力而行。通过调查分析，确定自己的行业定位。组织货源，注册网店，展开宣传，即可进行网上销售自己的产品。

本项目主要是以服装销售来讲解如何开网店的过程。主要学习如何在淘宝网上注册淘宝用户，装饰网店，组织产品，宣传产品，并在淘宝网上销售产品过程。

【预备知识】

网店是电子商务的一种形式。网店开的好与差有许多影响因素，比如选产品、进货途径、店铺装修、做推广、做服务等，但所有的这些都要自己在做的过程中去慢慢领会和与其他网商的交流中成长的。比如选产品，一般用户会根据自己个人的实际情况选自己熟悉的产品或有价格优势的产品，因人而异，因此诸如选产品、进货等不是本项目要介绍的内容，本项目将从一个淘宝新手开始，利用淘宝资源完成在淘宝网上开网店的过程。

【项目实施方法与过程】

任务：注册激活淘宝账户

1. 注册会员

打开IE浏览器，在地址中输入淘宝网址（http://www.taobao.com），单击主页面上的"免费注册"，如图10.1所示。

淘宝有两种注册方式：手机注册和邮箱注册，如果选择邮箱注册，则进入如图10.2所示页面，通过填写会员信息、通过邮件激活确认、注册成功提示三个步骤完成注册。

首先根据提示填写基本信息，包括会员名、密码、邮箱等信息。并选择用该邮箱创建支付宝账户（默认），并单击"同意以下服务条款，提交注册信息"。

通过登录注册淘宝账户时提供的邮箱，如×××××××××@yahoo.cn，打开来自淘宝的激活邮件，单击激活邮件中的链接，即可激活账号（系统要求在24h内完成激活）。单击按钮"激活"。再返回淘宝主页时即可看到如图所示的注册成功信息。

需要注意的是：

（1）会员名一旦注册成功，就不能修改，所以一定要留意填写。

图 10.1 淘宝主页

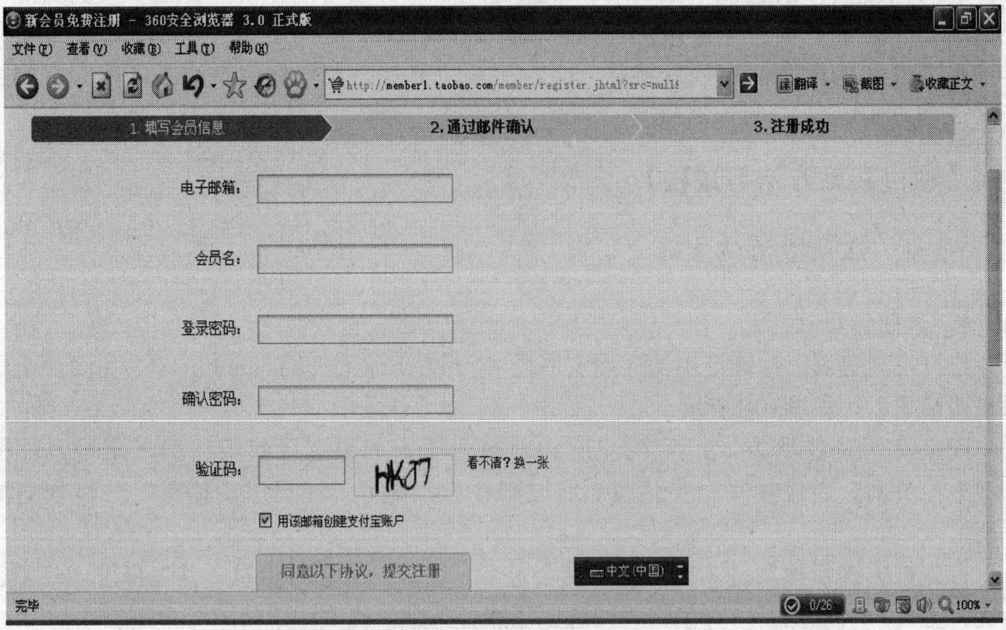

图 10.2 会员信息页面图

（2）淘宝暂不接受qq.com的电子邮件，要用除此以外的最常用且有效的邮件地址。此邮箱用来激活您的会员名，它是您和淘宝网、会员之间交流的重要工具。注册邮箱具有唯一性，也是淘宝网鉴别会员身份的一个重要条件。因此，请您填写真实有效的信息，否则将无法正常收取激活信。

148

2. 注册并激活支付宝账户

可以登录支付宝网站注册，也可以从淘宝网站进行注册。从登录淘宝网进行注册适用于邮箱账户没有在支付宝网站上注册过用户。用户在进行淘宝用户信息填写页面，默认使用淘宝账户注册使用的邮箱作为支付宝账户（图10.2），因此在创建淘宝账户时已自动创建了支付宝账户，也就是邮箱地址，只要进一步激活就可以了。

首先，以刚注册成功的淘宝账户登录淘宝网，单击"我的淘宝"，再到"支付宝专区"如图10.3所示，选择"管理支付宝账户"。

图 10.3　支付宝专区图

其次，进入管理支付宝账户页面如图10.4所示，其状态为"未激活"，再单击"点此激活"按钮，以激活支付账户。

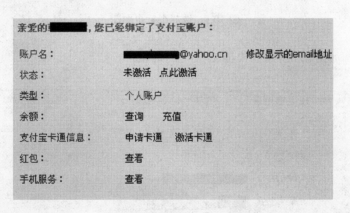

图 10.4　支付宝账户管理图

3. 开通支付宝卡通

在开通支付宝账户之后，申请开通支付宝卡通（一个用以网上收付款的账户），具体操作流程如下：

首先，登录www.alipay.com，单击"我的支付宝"，选择"支付宝卡通"，核实您留在支付宝账户中的信息是否正确，卡通服务是适用于个人类型的账户，公司类型是不可以申请。

其次，在如图10.5所示页面中，选择省份、城市、银行，这里选择中国建设银行。

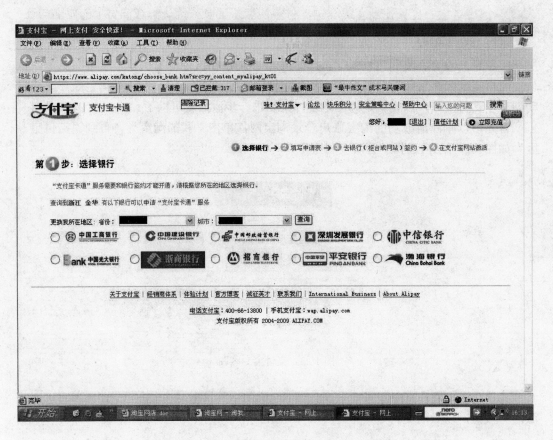

图 10.5 选择银行页面图

第三，填写如图10.6所示的申请表。

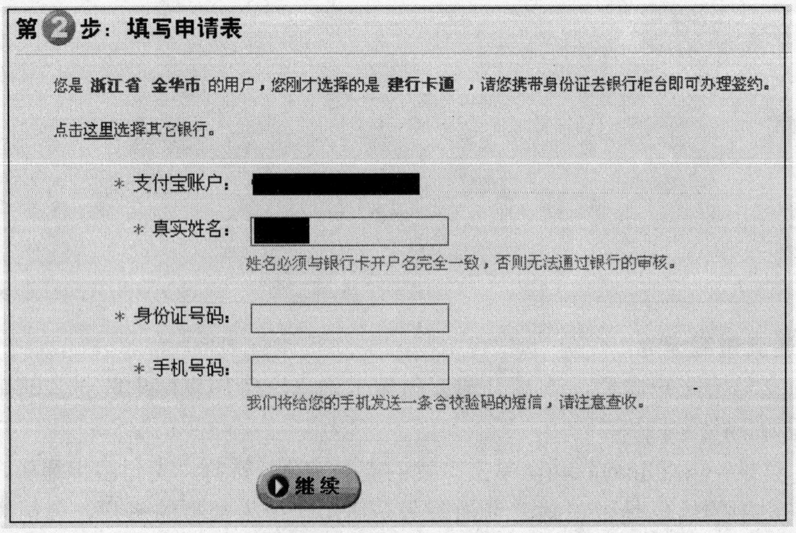

图 10.6 支付宝卡通申请表图

第四，如果您的身份证没有提交过支付宝实名认证，请确认您在支付宝的姓名与证件号码与您身份证上的一致。根据您提供的身份证号码，支付宝进行认证，认证通过后将校验码通过手机短信的方式告知申请人。申请人在收到短信后填写相应内容，完成后单击确定，进入如图10.7所示的页面。

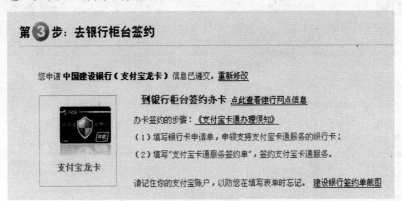

图 10.7　去银行柜台签约信息提示页面图

第五，支付宝卡通申请人记下支付宝账户名（即电子邮箱地址，如×××××××××@yahoo.cn），携带您的身份证，到相应的银行申请一张支付宝卡通，设置最高的网上支付金额。

第六，激活支付宝卡通服务。如果用户已经预先绑定了手机号码、并且在支付宝端完整填写了卡通申请信息。在银行签约时，支付宝会将银行的签约信息与用户预留的信息进行匹配（姓名、身份证、账号），完全一致后可以自动激活。这样，你就可以用支付宝卡通与支付宝进行支付与提现的功能。

4. 申请支付宝实名认证

通过实名认证，将获得支付宝个人认证图标与支付宝商家认证图标，它会在您的信用评价中的用户名旁边显示。这个图标对于买家和卖家来说都是附加的安全标记。其基本流程是：申请认证 → 填写认证信息→认证申请提交→通过认证。

首先，申请认证，以新注册的淘宝账户登录淘宝网，在淘宝首页单击"我的淘宝"，进入如图10.8所示页面，并单击图中"请单击这里"，进入如图10.9所示页面，单击图中标示"需要通过实名认证"处，进入支付宝实名认证申请页面，如图示10.10所示。

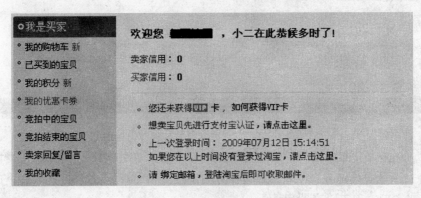

图 10.8　支付宝实名认证（一）

图 10.9　支付宝实名认证（二）

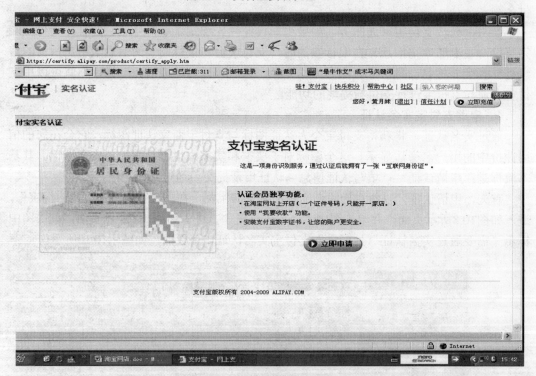

图 10.10　支付宝实名认证（三）

　　然后，单击"立即申请"，进入图10.11所示页面。单击"我已阅读并接受协议"，进入图10.12所示页面。在此页面选择本人所在地区"中国大陆用户"，选择下面两种实名认证方式之一，单击"立即申请"。

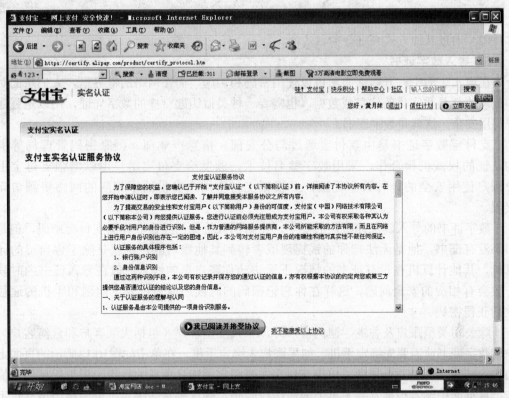

图 10.11　支付宝实名认证（四）

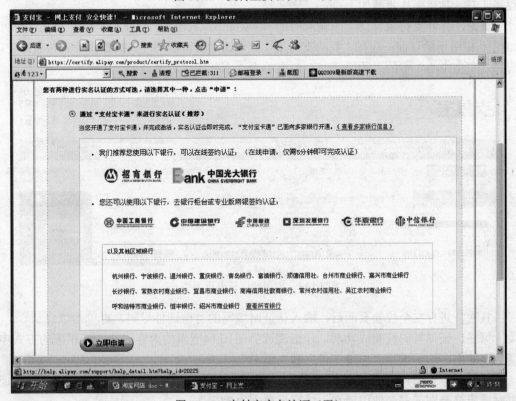

图 10.12　支付宝实名认证（五）

（1）通过"支付宝卡通"来进行实名认证（推荐）。

（2）通过其他方式来进行实名认证。

5. 导入数字证书

在现实生活中，开启保险箱可以使用密码和钥匙。而在网络的世界里，人们所面对和处理的都是数字化的信息或数据，也需要一种类似钥匙一样的数字凭证，用以增强账户使用安全，这就是数字证书。

支付宝数字证书是由支付宝通过与公安部、信息产业部、国家密码管理局等机构认证的权威机构合作，采用数字签名技术，颁发给支付宝用户用以增强支付宝用户账户使用安全的一种数字凭证，并根据支付宝用户身份给予相应的网络资源访问权限。

数字证书的导入确保你账户的安全。比如别人就算已经盗取你的支付宝密码，但是如果没有证书，他是无法把你的钱提现或者转到其他账户的，也就是除了你自己的计算机，其他计算机在没有证书的情况下无法动你账户里的钱。一般在导入证书的时候一般会有相应的安全问题，这样在你忘记密码的时候还能通过安全问题和手机的途径重新获得密码。

除公司类型账户及香港、澳门客户外，个人类型客户（包括大陆客户和台湾客户）申请数字证书前需要先绑定手机。如果账户未绑定手机，在单击如图10.13所示的页面上的"安装数字证书"一项后，出现支付宝需要绑定手机（免费）提示，根据提示要求操作，再页面中输入根据发到手机上的短信校验码，确认绑定。绑定手机后再申请支付宝数字证书，具体操作步骤如下：

首先，打开支付宝首页（即输入网址 www.alipay.com），以支付宝账户登录，打开如图10.13所示的页面，选择"我的支付宝"，单击"申请证书"（或者登录支付宝账户，选择"安全中心"中的"数字证书"，再单击"点此申请数字证书"）。

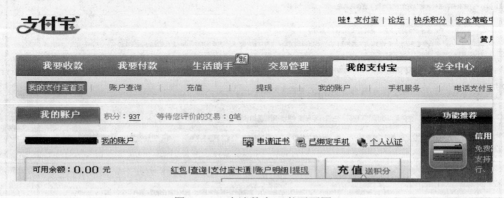

图 10.13　申请数字证书页面图

其次，进行安全校验页面后，输入认证时填写的身份证件号码，再单击"确认"。

第三，证件号码校验成功后，仔细阅读如图10.14所示的内容，并选择相应的方式申请数字证书，这里选择"申请支付宝数字证书"。

第四，在如图10.15所示的窗口中准确填写证书的使用地点，以方便日后远程管理证书时能清楚辨别证书的使用地点，填写后单击"确定"。

154

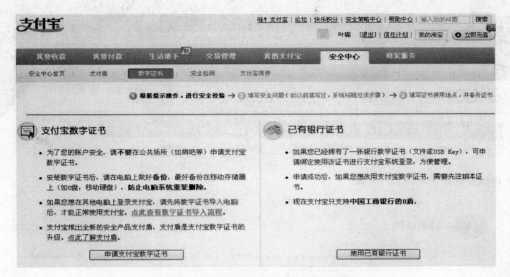

图 10.14 选择数字证书类别页面图

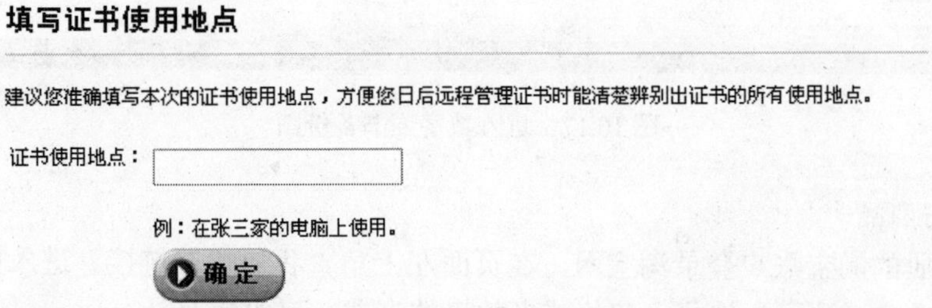

填写证书使用地点

建议您准确填写本次的证书使用地点，方便您日后远程管理证书时能清楚辨别出证书的所有使用地点。

证书使用地点：

例：在张三家的电脑上使用。

▶ 确定

图 10.15 数字证书使用地点图

第五，在显示的页面中查看账户信息，单击"确认"。 并弹出如图10.16的对话框中单击"是"，在接下去的数字证书安装过程中对所有跳出的提示对话框都单击"是"即可。

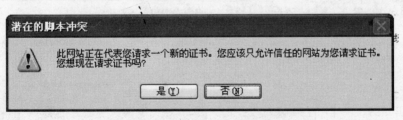

图 10.16 请求数字证书确定框图

第六，申请成功后，单击如图10.17所示的"备份"按钮进行备份数字证书，建议把数字证书保存在移动硬盘、U盘、或备份到计算机的其他非系统盘上。

第七，设置备份密码，并选择在本机上是否可以再次进行备份，请牢记备份密码，选择备份地址确认后即可。

6．宝贝（商品）发布及开店

其基本流程是：发布商品（发布满10件商品后）→ 免费开设店铺 → 店辅设置。淘宝规定通过支付宝实名认证的会员必须要发布10件商品并保持在线销售的状态就可以免费开设一个店铺。

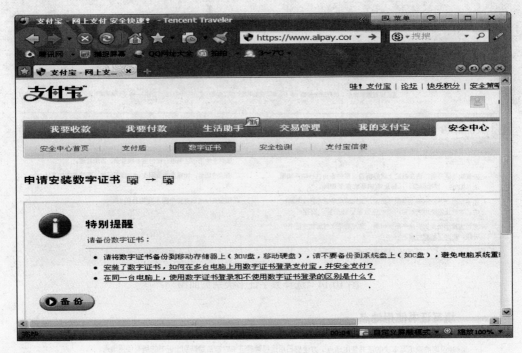

图 10.17　进入数字证书备份图

1）发布商品

以新注册的淘宝账户登录淘宝网，在页面左上角"我要卖"链接。进入如图10.18所示的宝贝发布方式页面，选择一口价或者拍卖的形式，来出售商品。

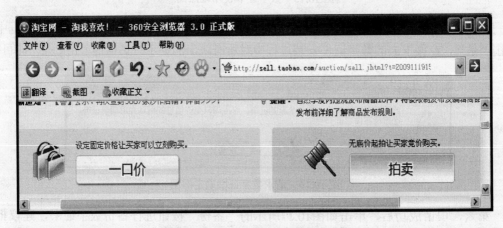

图 10.18　宝贝出价方式选择页面图

选择一口价，则进入图10.19所示的宝贝编辑页面，选择要出售的宝贝类目，类目需要与宝贝的属性类型相对应，例如，出售阿狸玩偶，选择玩具/模型/娃娃/人偶/动漫周边，选择完毕后就可以发布自己的宝贝了。

单击"好了，去发布宝贝"按钮，进入图10.20所示的填写宝贝信息页面，填写信息时要注意正确选择商品发布信息。

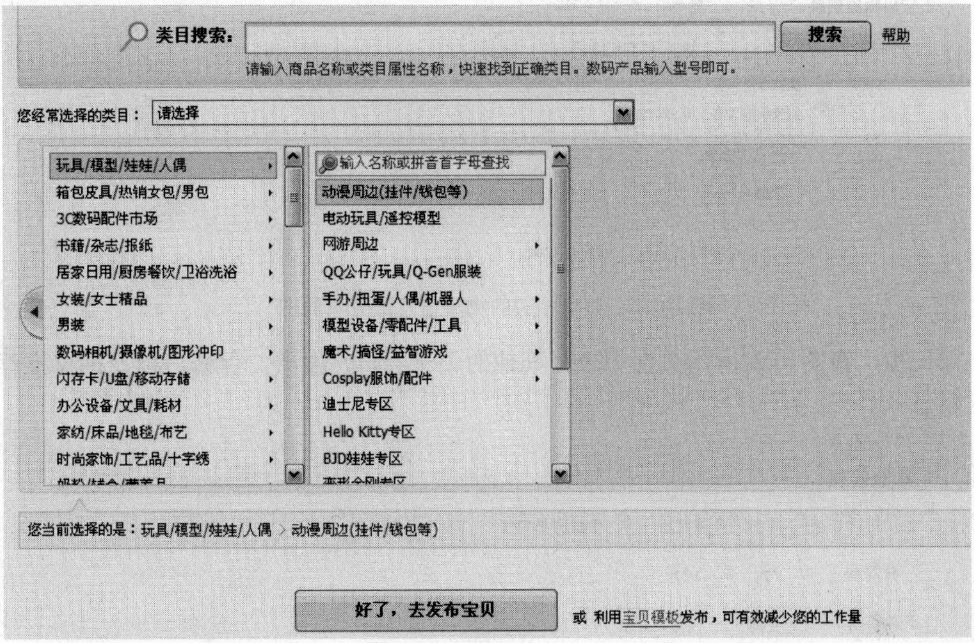

图 10.19　宝贝编辑页面图

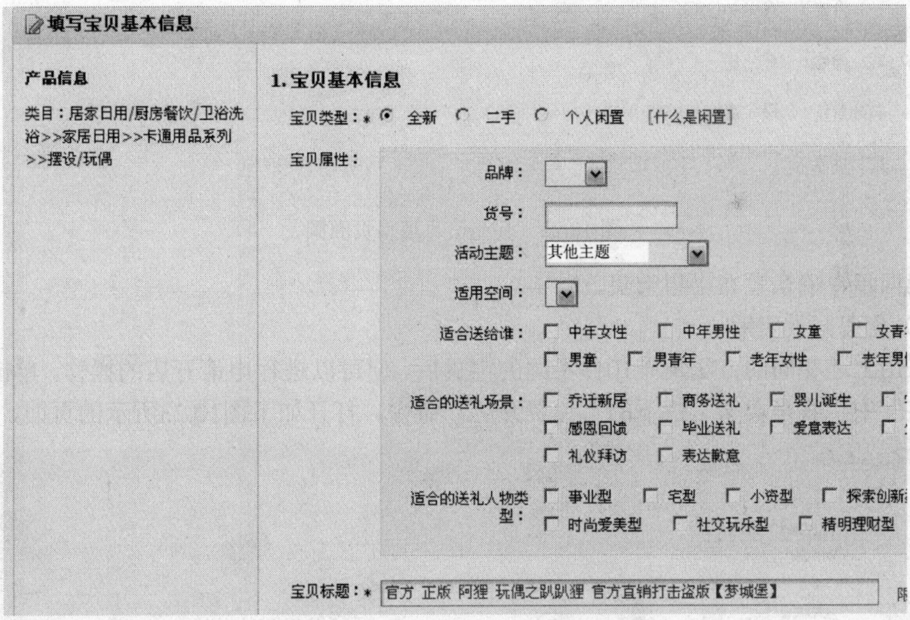

图 10.20　填写宝贝信息部分页面图

第一步，根据自己的商品，填写相关内容，包括宝贝的类型、标题、价格、上传出售宝贝的相关图片等以供买家选择，在宝贝描述里详细描述自己出售宝贝的具体信息，包括形状，型号，大小，颜色等产品的信息，提醒买家注意事项等相关内容。

第二步，在如图10.21所示页面填写相关的物流信息。

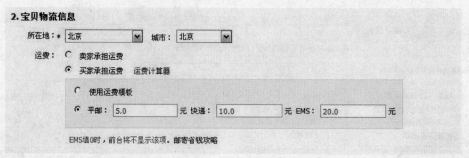

图 10.21　填写相关的物流信息部分页面图

第三步，在图10.22所示页面中填写其他的关于会员，发票，保修，以及橱窗推荐的相关信息。

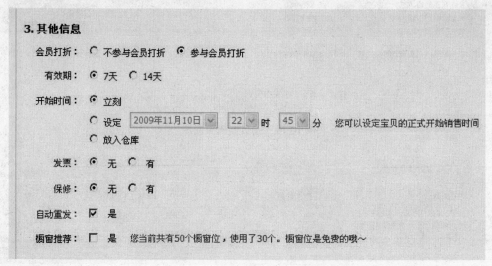

图 10.22　其他信息填写页面图

第四步，确认发布出售宝贝。

2）免费开设店铺

采用上述相同的方法发布10件不同的宝贝后，便可以进行申请开店的操作，单击"我的淘宝"中"我是卖家"栏下的"免费开店"命令，打开如下图10.23所示的页面，根据

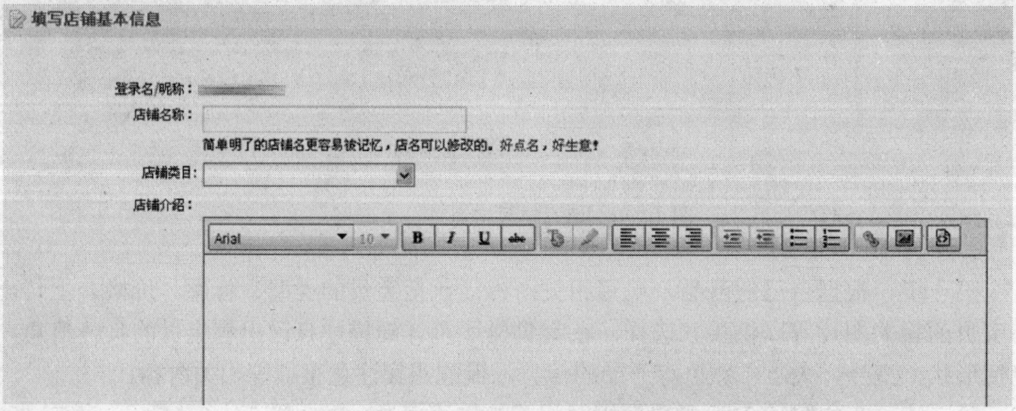

图 10.23　店铺信息填写页面部分截图

其要求填写淘宝用户名、店名、店铺类型等信息，再单击"确定"。需要注意的是此时要记住你自己所有新建的登录信息。

3）店铺设置

（1）以新注册的淘宝账户登录淘宝网，在如图10.24所示的页面的下拉列表框中选择搜索类别为"店铺"，在搜索中输入"阿狸"，再单击"搜索"。选择并打开阿狸店，在首页中单击右上角的"管理我的店铺"。打开如图10.25所示的店铺管理平台页面，单击"基本设置"。

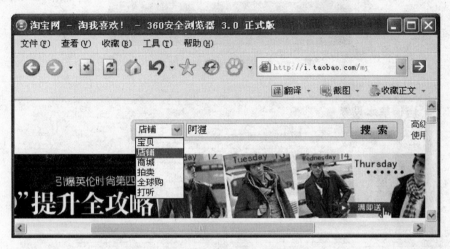

图 10.24　淘宝主页部分页面图

图 10.25　店铺管理平台页面

（2）在"基本设置"里包含店铺基本设置、宝贝页面设置、友情链接设置、域名管理等几项内容，如图10.26所示。

（3）进入"店铺基本设置"，可以完成店铺名称、店铺类别、人气类目、店铺简介、店铺介绍等内容的设置，如图10.27所示。返回店铺管理平台页面，进入"宝贝页面设置"，可以完成宝贝显示方式，宝贝推荐等项目的设置。

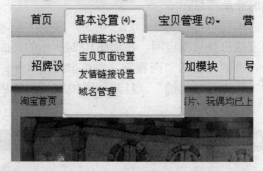

图 10.26　店铺基本设置页面截图

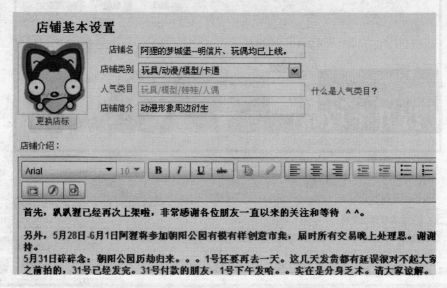

图 10.27　店铺基本设置信息页面截图

7. 销售商品

1）交易磋商

首先，下载并安装阿里旺旺。一般买家和卖家之间会通过阿里旺旺聊天软件进行宝贝交易磋商过程，因此，双方都会安装这款聊天软件，如下载阿里旺旺2009正式版后，再将其安装，在这里买卖双方谈好价格、货物规格、发送地址等。阿里旺旺上的聊天记录可以作为买卖双方纠纷解决的合法依据。

2）修改价格

在卖方拍下宝贝以后，淘宝系统生成买卖订单（注：有唯一标识的订单编号，以后的交易活动中以订单编号要确定本次交易的所有内容），此时，往往要求卖方修改宝贝价格。修改价格的操作是：单击"我的淘宝"，选择"已卖出的宝贝"，再选择"等待买家付款"，在如图10.28所示的中单击其中的"修改价格"。在如图10.29所示的页面截图中，可以进行　"邮费"修改或者"涨价或折扣"修改，修改后再单击"确定"。

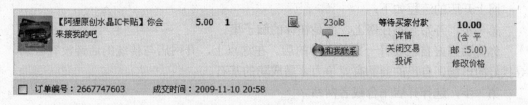

图 10.28　等待买家付款页面截图

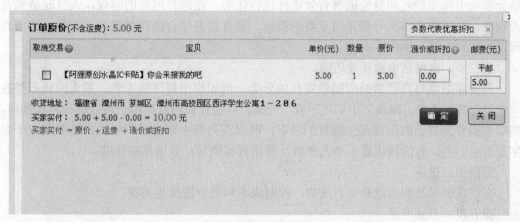

图 10.29　修改价格页面截图

8. 发货

在买方付款后，卖方安排发货，然后以自己的账户名登陆淘宝网，在"我的淘宝"的"我是卖家"中单击"已卖出的宝贝"，在页面中找到需要发货的订单，再单击"发货"。其次，填写发货信息，确定物流方式，填写发货单号，确认发货。

9. 评价及提现

1）评价

交易完成后，进行评价。单击"我的淘宝"的"我是卖家"中单击"已卖出的宝贝"，在页面中再选择"评价"。卖方在此可以对买方进行好评、中评、差评的评价，最后单击"确定提交"。

2）提现

在"我的淘宝"的页面下，有"您的支付宝账户："下的电子邮件（也就是支付账户名）页面，单击邮件名链接进入"支付宝"页面，选择"我的支付宝"，再选择"提现"，在页面，按需要填写提现金额后单击"下一步"，即可完成提现操作。

【总结与深化】

网上开店是一个新兴的词汇，具体来说就是经营者在Internet上注册一个虚拟的网上商店（以下简称网店），将待售商品的信息发布到网页上，对商品感兴趣的浏览者通过网上或网下的支付方式向经营者付款，经营者通过邮寄等方式，将商品发送到购买者。

网上开店是一种在Internet时代的背景下诞生的新销售方式，区别于传统商业模式，与大规模的网上商城及零星的个人物品网上拍卖相比，网上开店投入不大、经营方式灵活，可以为经营者提供不错的利润空间，成为许多人的创业途径。

网上开店的流程如下：

第一步，开始并不在网上，而是在你的脑子里。

你需要想好自己要开一家什么样的店。在这点上，开网店与传统的店铺没有区别，寻找好的市场，自己的商品有竞争力才是成功的基石。

第二步，选择开店平台或者网站。

你需要选择一个提供个人店铺平台的网站，注册为用户。这一步很重要。大多数网站会要求用真实姓名和身份证等有效证件进行注册。在选择网站的时候，人气旺盛和是否收费、以及收费情况等都是很重要的指标。现在很多平台提供免费开店服务，这一点可以为您省下了不少成本。

第三步，向网站申请开设店铺。

你要详细填写自己店铺所提供商品的分类，例如你出售时装手表，那么应该归类在"珠宝首饰、手表、眼镜"中的"手表"一类，以便让你的目标用户可以准确地找到你。然后你需要为自己的店铺起个醒目的名字，网友在列表中单击哪个店铺，更多取决于名字是否吸引人。有的网店显示个人资料，应该真实填写，以增加信任度。

第四步，进货。

可以从你熟悉的渠道和平台进货，控制成本和低价进货是关键。

第五步，登录产品。

你需要把每件商品的名称、产地、所在地、性质、外观、数量、交易方式、交易时限等信息填写在网站上，最好搭配商品的图片。名称应尽量全面，突出优点，因为当别人搜索该类商品时，只有名称会显示在列表上。为了增加吸引力，图片的质量应尽量好些，说明也应尽量详细，如果需要邮寄，最好声明谁负责邮费。

登录时还有一项非常重要的事情，就是设置价格。通常网站会提供起始价、底价、一口价等项目由卖家设置。卖家应根据自己的具体情况利用这些设置。

第六步，营销推广。

为了提升自己店铺的人气，在开店初期，应适当地进行营销推广，但只限于网络上是不够的，要网上网下多种渠道一起推广。例如购买网站流量大的页面上的"热门商品推荐"的位置，将商品分类列表上的商品名称加粗、增加图片以吸引眼球。也可以利用不花钱的广告，比如与其他店铺和网站交换链接。

第七步，售中服务。

顾客在决定是否购买的时候，很可能需要很多你没有提供的信息，他们随时会在网上提出，你应及时并耐心地回复。但是需要注意，很多网站为了防止卖家私下交易以逃避交易费用，会禁止买卖双方在网上提供任何个人的联系方式，例如信箱、电话等，否则将予以处罚。

第八步，交易。

成交后，网站会通知双方的联系方式，根据约定的方式进行交易，可以选择见面交易，也可以通过汇款、邮寄的方式交易，但是应尽快，以免对方怀疑你的信用。是否提供其他售后服务，也视双方的事先约定。

第九步，评价或投诉。

信用是网上交易中很重要的因素，为了共同建设信用环境，如果交易满意，最好给予对方好评，并且通过良好的服务获取对方的好评。如果交易失败，应给予差评，或者向网站投诉，以减少损失，并警示他人。如果对方投诉，应尽快处理，以免为自己的信用留下污点。

第十步，售后服务。

完善周到的售后服务是生意保持经久不衰的非常重要的筹码，不断的与客户保持联系，做好客户管理工作。

【实践与体会】

1. 试简述网上商店的创建过程。
2. 如何推广你的网店业务？

项目十一　企业网络推广

【项目应用背景】

随着Internet的迅速发展，网民越来越多，因此网络的影响力也将会越来越大。如果不希望在Internet上做一个信息孤岛，就需要有效实现网络宣传。随着Internet技术的普及和电子商务概念的深入人心，在网络经济高速发展的同时，网络给商家带来巨大的商机，企业通过各种网络手段，把自己的产品信息推广到各个目标中去，从而使更多的目标客户找到自己，而企业网络推广就集中了各个方面的优势：

1. 企业网络推广比报纸、电视更能全方位地通过文字、图片、视听资料推广您的企业和产品，是售前开拓市场的重要方式。

2. 节省人力、物力，投资手续高效。网络营销通过系统、有序、全面地自动运行，一次做好之后，就可长期使用。

3. 企业网络推广在产品定型就即刻开始，因此网络系统可以帮助企业在产品推广到各个传统媒体之前、在产品最终定位之前，提前获得市场反馈。

总之，在网络经济的大背景下解决如何进行企业网络推广成为一个崭新而迫切的问题。

【预备知识】

企业网络推广，是先有企业推广，再运用而生网络的方式。因此，先来介绍企业推广。企业推广重在推广，更注重的是通过推广后，给企业带来的排名、潜在客户群等，目的是扩大被推广对象的知名度和影响力。可以说，要想产品的销售量上升必须包含企业推广这一步骤，企业推广是企业获得更多订单的必经之路，你可能会拥有令人赏心悦目的产品或服务，而且价格也十分公道。但是，如果你不采取行动把这些信息提前提供给潜在采购商，那么在你的产品或服务推向市场之际，你的潜在用户将对此一无所知。即使是你的产品或服务已经被推向了市场，你也要继续让你的潜在用户知道你正在推出何物。几乎所有的行业，它们在消费者心目中的印象都会随着时间的改变。无论如何，为了让广大的用户意识到你的存在，为了让他们知道你有何东西可供销售，你需要做企业推广。而目前对企业来说，最廉价和最有用的推广模式就是企业网络推广，企业网络推广就是企业利用Internet进行宣传推广活动。中国目前有3亿2000万的网民，这个数字正以每年5%的速度在递增，传统的推广方式已经不能全范围地覆盖所有用户群，而且还费钱费力。正因为这点，网络推广以一个价格低廉、速度快捷、受众群体范围广等优势颠覆了传统的推广行业。酒香也怕巷子深，在歌星明星们纷纷把宣传阵地转移到网络的时候，企业还能走传统的路子吗？网络推广的载体是Internet，离开了Internet的推广就不能算是网络推广，而且利用Internet必须是进行推广，而不是做其他的事情。企业网络推广是一项系统工程，开始申请域名、租用空间、建立网站只是企业网络推广的一个基础或者说是前提条件。当然并不是说要做网络推广就一定要有网站，有些没有网站的企业也可以通过行业门户、网络广告、网络营销等其他平台进行推广。

对于企业网络推广，必须经过策划、计划、实施、控制、评估的过程，以网站推广为例，如何让用户在全球7000万个网站中快速的找到自己的网站，是一个很困难的事情。首先应进行网站推广策划。这一过程需要解决以下两个问题：第一，如何让用户知道并访问企业网站？第二，如何让用户回访并留在企业网站？而具体的网站推广就必须制订网站推广计划并进行控制与评估。具体的网站推广计划应该按照以下的步骤进行：

1．明确推广的目标、预算等边界条件

结合网站自身的行业、企业背景，明确推广的目标效果以及预算、细分市场、目标用户等边界条件。

2．分析网站现状，制订初步的推广策略

通过网站的访问统计数据，分析出现有的访问情况;结合网站原本的用户定位，分析和评估现在的推广情况，找出问题所在。结合前面所分析的推广目标和相关的边界条件，制订出有针对性的推广策略。

3．网站优化

正如前面所说，网站的推广策划不仅仅是推广手段的应用，要让用户留在自己的网站，只能是靠自身的价值来实现。所以，网站的优化是必要且极其重要的一个过程。

4．根据制订的推广策略，选择合适的推广工具组合

推广、营销工作，实际上就是利用推广、营销工具的组合，来实现已确定的推广策略的过程。在网络推广策划领域，可以使用的推广工具主要有搜索引擎，交换链接，信息发布，电子邮件营销，网站广告，传统媒体广告，人际网络传播（口碑推广）等。

5．评估与控制

网站的推广策划并不是一项一蹴而就的工作，需要不断地监测和跟踪推广的情况，及时做出调整和控制，才能保证更高的效率和更低的成本。

一般来说，网站推广计划至少应包含下列主要内容：

（1）确定网站推广方案的阶段目标。

（2）在网站发布运营的不同阶段所采取的网站推广方法。

（3）网站推广策略的控制和效果评价。

【项目实施方法与过程】

任务一：商务网站推广

1．企业注册

（1）打开IE浏览器，在地址栏中填入地址http://www.hc360.com/，回车后进入慧聪网首页，如图11.1所示。

（2）在首页中单击"马上免费注册会员",进入注册界面，如图11.2所示。

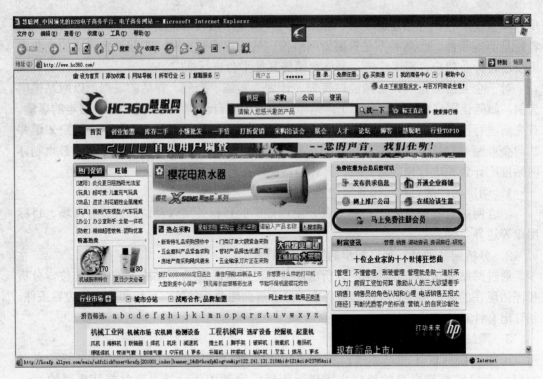

图 11.1　慧聪网首页

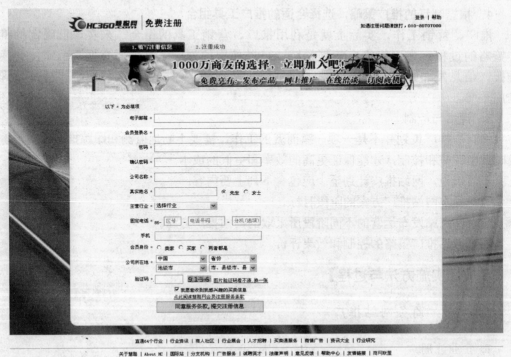

图 11.2　填写注册信息

（3）填写完相应的注册信息后，单击"同意服务条款，提交注册信息"，就会打开成功注册的界面，如图11.3所示。

图 11.3　注册成功

在注册成功以后，就可以进行相应的企业推广服务了，如"发布供求信息"、"开通商铺"等。

2．开通商铺

网站提供给卖家在网站上开通一个虚拟商铺的资源，也就是用来展示自己产品的网站，买家可以直接访问自己的商铺。开通方法如下：

（1）单击注册成功界面的"现在开通商铺"按钮。

（2）对于首次使用的用户，必须进行激活，如图11.4所示。

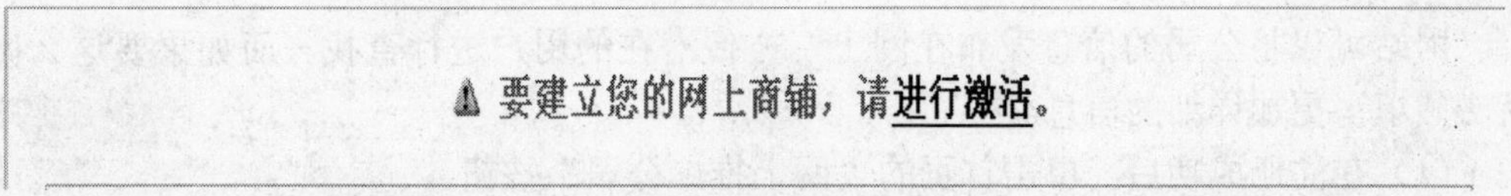

⚠ 要建立您的网上商铺，**请进行激活**。

图 11.4　激活界面

（3）进行的激活工作，只是对公司的具体信息的一个补充，以及网站管理者对公司的审核，如图11.5所示。

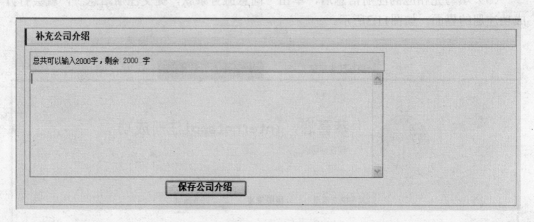

图 11.5　补充介绍

（4）在通过审核后，就可以对自己商铺进行设计了，商铺提供给用户方方面面的体验，如图 11.6 所示。

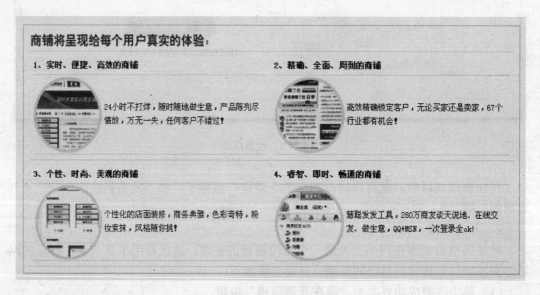

图 11.6　用户体验

3．网上推广公司

网站可以将公司的信息发布在网上，方便潜在的用户进行查找。而如果要这么做，就必须填写更加详细的信息。

（1）在注册成功后，单击首页的"网上推广公司"按钮。

（2）在进入公司信息界面后，可以对公司的基本资料、详细资料进行修改，并上传公司图片，如图 11.7 所示。

当然，网站为了做好公司的推广工作，还提供了很多的便捷服务，而这些服务都可以在网站左边的导航栏上找到，如图 11.8 所示。

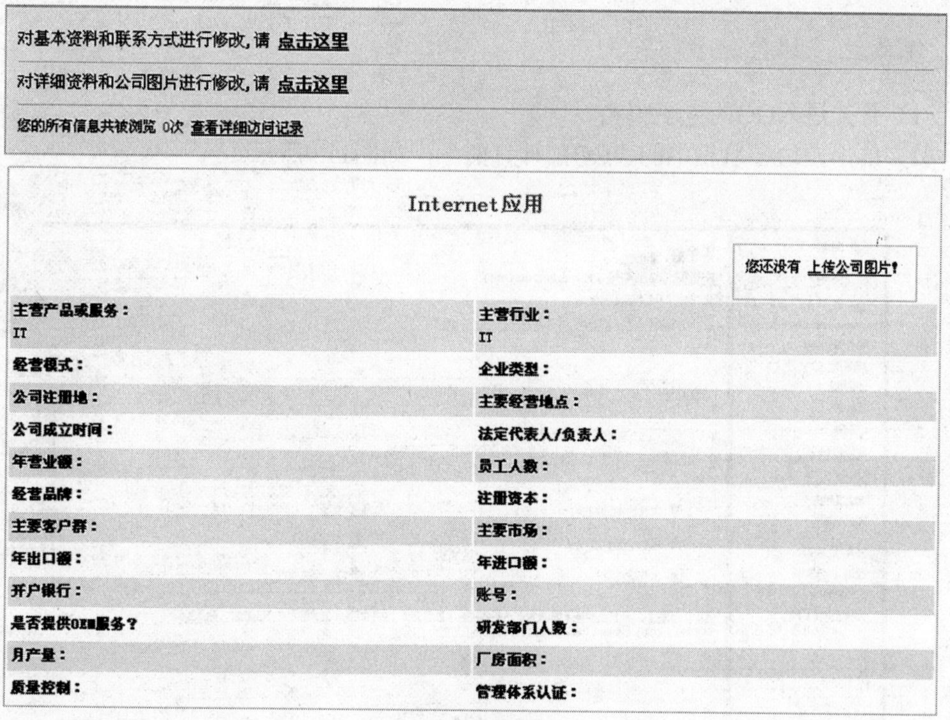

对基本资料和联系方式进行修改, 请 **点击这里**

对详细资料和公司图片进行修改, 请 **点击这里**

您的所有信息共被浏览 0次 查看详细访问记录

Internet 应用

您还没有 上传公司图片!

主营产品或服务:		主营行业:	
IT		IT	
经营模式:		企业类型:	
公司注册地:		主要经营地点:	
公司成立时间:		法定代表人/负责人:	
年营业额:		员工人数:	
经营品牌:		注册资本:	
主要客户群:		主要市场:	
年出口额:		年进口额:	
开户银行:		账号:	
是否提供OEM服务?		研发部门人数:	
月产量:		厂房面积:	
质量控制:		管理体系认证:	

图 11.7　公司推广

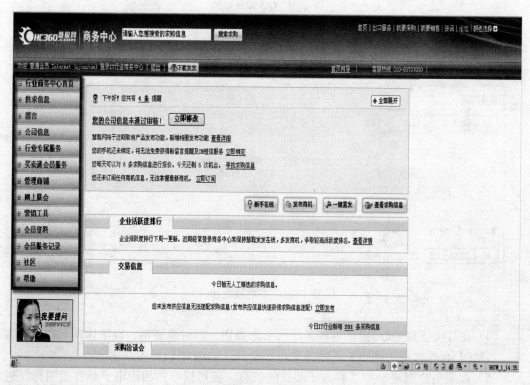

图 11.8　导航栏

任务二：邮件推广

（1）首先进入QQ的电子邮箱。

（2）单击左边导航栏中的"QQ邮件订阅"，如图11.9所示。

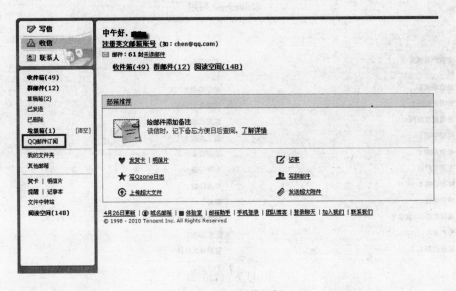

图 11.9　QQ 邮件订阅

（3）用户选择所需求的电子信息，如图11.10所示。

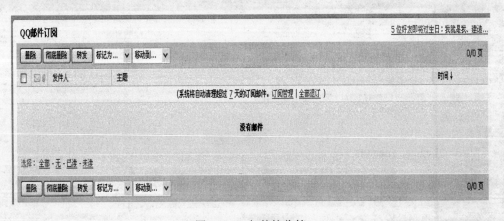

图 11.10　邮件接收箱

（4）在订阅管理中QQ提供各种各样的杂志类别，如时事资讯、娱乐休闲、业务动态等，当然QQ也提供关于腾讯公司的各种电子信息，如图11.11所示。

（5）如果用户想进一步了解电子邮件的信息，还可以单击相应电子邮件的图标，进入该电子邮件的内容中进行了解。如单击"QQ商城促销资讯"，如图11.12所示。当然，对订阅的邮件如果不需要了，也可以进行退订。

图 11.11　订阅管理

图 11.12　QQ 商城

【总结与深化】

企业网络推广是目前投资最少、见效最快、效果最好的扩大知名度和影响力的形式。根据利用的主要网络推广工具，企业网络推广的基本方法也可以归纳为几种：信息发布推广方法、电子邮件推广方法、搜索引擎优化推广、网络广告推广方法、资源合作推广方法、病毒性营销方法、快捷网址推广方法、综合网站推广方法，企业可以运用多种方式进行网络推广，这样才能在激烈的市场竞争中取得有力位置，不断地发展壮大。

（1）信息发布推广，将有关的网站推广信息发布在其他潜在用户可能访问的网站上，利用用户在这些网站获取信息的机会实现网站推广的目的，适用于这些信息发布的网站包括在线黄页、分类广告、论坛、博客网站、供求信息平台、行业网站等。信息发布是免费网站推广的常用方法之一，尤其在Internet发展早期，网上信息量相对较少时，往往通过信息发布的方式即可取得满意的效果，不过随着网上信息量爆炸式的增长，这种依靠免费信息发布的方式所能发挥的作用日益降低，同时由于更多更加有效的网站推广方法的出现，信息发布在网站推广的常用方法中的重要程度也有明显的下降，因此依靠大量发送免费信息的方式已经没有太大价值，不过一些针对性、专业性的信息仍然可以引起人们极大的关注，尤其当这些信息发布在相关性比较高的网站时。

（2）电子邮件推广，以电子邮件为主要的网站推广手段，常用的方法包括电子刊物、会员通信、专业服务商的电子邮件广告等。

邮件推广分许可式邮件推广和垃圾邮件推广两种。基于用户许可邮件推广与垃圾邮件推广不同，许可营销比传统的推广方式或未经许可的E-mail营销具有明显的优势，比如可以减少广告对用户的滋扰、增加潜在客户定位的准确度、增强与客户的关系、提高品牌忠诚度等。总之，许可式电子邮件推广是正道，基本上大型的网络公司都有在用，例如阿里巴巴、百度、腾讯等。在他们网站上注册会员的时候，邮件地址就被他们收集过去了，随后这些网络公司会经常的向你发送一些资讯邮件。

许可式邮件推广有两个重要的标志：第一，推广公司所收集的邮件地址是客户主动登记的，并非推广的公司通过其他渠道收集过来的。正规做法就在客户登记的时候让客户选择，您是否愿意接收本公司所发送的一些相关资讯。第二，在所发送的电子邮件当中，有可以选择退订的按钮，如果客户不再想收到类似的邮件，只要选择退订按钮，以后便不会在向客户发送。

（3）搜索引擎优化（Search Engine Optimization，SEO）推广。通过对网站的优化从而达到使网站搜索引擎的排名上升。搜索引擎优化是针对搜索引擎对网页的检索特点，让网站建设各项基本要素适合搜索引擎的检索原则，从而使搜索引擎收录尽可能多的网页，并在搜索引擎自然检索结果中排名靠前，最终达到网站推广的目的。

（4）网络广告，顾名思义，就是在网络上投放的广告。网络广告是常用的网络营销策略之一，在网络品牌、产品促销、网站推广等方面均有明显作用。网络广告的常见形式包括BANNER广告、关键词广告、分类广告、赞助式广告、E-mail广告等。BANNER广告所依托的媒体是网页、关键词广告属于搜索引擎营销的一种形式，E-mail广告则是许可E-mail营销的一种，可见网络广告本身并不能独立存在，需要与各种网络工具相结合才能实现信息传递的功能，因此也可以认为，网络广告存在于各种网络营销工具中，只是具体的表现形式不同。将网络广告用于网站推广，具有可选择网络媒体范围广、形式多样、适用性强、投放及时等优点，适合于网站发布初期及运营期的任何阶段。

（5）资源合作推广，通过网站交换链接、交换广告、内容合作、用户资源合作等方式，在具有类似目标网站之间实现互相推广的目的，其中最常用的资源合作方式为网站链接策略，利用合作伙伴之间网站访问量资源合作互为推广。

（6）病毒性营销，病毒性营销方法并非传播病毒，而是利用用户之间的主动传播，让信息像病毒那样扩散，从而达到推广的目的，病毒性营销方法实质上是在为用户提供有价值的免费服务的同时，附加上一定的推广信息，常用的工具包括免费电子书、免费软件、免费Flash作品、免费贺卡、免费邮箱、免费即时聊天工具等可以为用户获取信息、使用网络服务、娱乐等带来方便的工具和内容。

（7）快捷网址推广，即合理利用网络实名、通用网址以及其他类似的关键词网站快捷访问方式来实现网站推广的方法。快捷网址使用自然语言和网站URL建立其对应关系，这对于习惯于使用中文的用户来说，提供了极大的方便，用户只需输入比英文网址要更加容易记忆的快捷网址就可以访问网站，用自己的母语或者其他简单的词汇为网站"更换"一个更好记忆、更容易体现品牌形象的网址，例如选择企业名称或者商标、主要产品名称等作为中文网址，这样可以大大弥补英文网址不便于宣传的缺陷，因为在网址推广方面有一定的价值。随着企业注册快捷网址数量的增加，这些快捷网址用户数据可以相当于一个搜索引擎，这样，当用户利用某个关键词检索时，即使与某网站注册的中文网址并不一致，同样存在被用户发现的机会。

（8）综合网站推广，除了前面介绍的常用网站推广方法之外，还有许多专用性、临时性的网站推广方法，如有奖竞猜、在线优惠券、有奖调查、针对在线购物网站推广的比较购物和购物搜索引擎等，有些甚至采用建立一个辅助网站进行推广。有些网站推广方法可能别出心裁，有些网站则可能采用有一定强迫性的方式来达到推广的目的，例如修改用户浏览器默认首页设置、自动加入收藏夹，甚至在用户计算机上安装病毒程序等，真正值得推广的是合理的、文明的网站推广方法，应拒绝和反对带有强制性、破坏性的网站推广手段。

但最近，国内企业在进行网络推广中，存在着一定的误区，影响了网络推广的效果。作为企业应注意以下几点：

（1）宣传意思淡化，导致企业网站萧条。

（2）搜索引擎的盲目投资，导致成本大、收益低。

（3）网络服务商的无序竞争，加大了投资风险。

由于网络营销的成与败涉及到Internet的方方面面，这使得一些缺乏相关知识的企业在应对网络推广时变得无所适从。一些Internet服务提供商将简单的网络推广神秘化，给企业的网络推广制造着阻力与障碍。

【实践与体会】

1．简述各种企业网络推广的方法？

2．什么是搜索引擎优化？

3．登录新浪、雅虎、网易等网站，详细了解其中有哪些网络广告，并作出一份统计报告。

4．访问阿里巴巴（http://www.alibaba.com）站点了解企业间电子商务的业务流程。尝试为一家公司申请成为网站会员，将公司有关供求信息利用阿里巴巴站点进行发布。

5．请在网上找出几个可以发布商业广告的商务网站，了解有关它们的使用方法和条件。如果有可能，请帮助某个企业在这些地方发布几条免费的广告。

6. 多数公司在Internet上销售产品时所采取的第一个步骤就是建立网站。他们坐等访问者会发现其网站，并希望这些访问者会发现其内容如此吸引人，以至于经常自愿地重访。还有些公司，不是被动地等待消费者的到来，而是主动地使公司走向消费者，使消费者认识自己的网站，再通过提供高质量的服务来留住顾客，销售自己的产品。试问：这两类公司采取的推广策略分别是什么？对第二类公司来说，可采取的营销方法有哪几种？

项目十二　网络招聘与求职

【项目应用背景】

随着我国每年进入劳动力主场的人数越来越多，特别是大学毕业生不断增加，中国就业形式越来越严峻，就业问题成为关乎国计民生的重点和难点问题。而严峻的就业形势使几乎每一场大大小小的招聘会都十分火爆，应聘者动辄数万，人山人海、摩肩接踵，而招聘者也忙得不亦乐乎。应聘者带着厚厚的一沓简历表东奔西走，频繁地步入各种招聘会，为寻找一份工作而苦苦期盼；更有一些人缺乏必要的防范意识，被一些招聘者欺骗，白扔了所谓的"抵押金"、"培养费"等。而招聘者也辛苦一天，收到的简历装成麻袋，也只有搬回去再细细研究。收到的简历一经分类，结果又是：某些职位"货源"充足，某些职位一个没有。而等把合适的简历分清楚，才发现合适的人都已经让别的公司录用了。

对表面上红红火火的人才招聘会不禁提出质疑：每年都有大量的招聘会，可成交比率究竟有多大，招聘单位和应聘者的盲目性又该如何去避免？如何有的放矢去应聘和纳贤？

随着Internet的迅速发展，网络招聘与求职逐步扩大和深入，优势体现在：

1. 信息量大，信息社会网络可以提供庞大的信息，不容置疑。

2. 快捷方便，招聘者不用去招聘会劳神，求职者也可以不出家门轻松求职。

3. 经济实惠，网络招聘在节约费用上有很大的优势。对于毕业生来说，通过轻点鼠标即可完成个人简历的传递。对用人单位来讲，网络招聘的成本更低。

4. 针对性强，网络招聘是一个跨时空的互动过程，对供求双方而言都是主动行为，无论是用人单位还是个人都能根据自己的条件在网上进行选择。

5. 具有初步筛选功能。目前，构成"网民"主体的是一个年轻、高学历、向往未来的群体。通过上网，招聘者就已经对应聘者的基本素质有了初步的了解，因面对应聘者来说，作了一次初步筛选。

【预备知识】

网络招聘，也被称为电子招聘，是指通过技术手段的运用，帮助企业人事经理完成招聘的过程。即企业通过公司自己的网站、第三方招聘网站等机构，通过计算机网络向公众发布招聘信息，而求职人通过简历数据库或搜索引擎寻找到适合自己的职业，最终完成招聘的过程。利用计算机网络服务主要优点是能快速及时传递信息，传播面极为广泛，可以直接跨越地区和国界。如上海人才市场将有关人员招聘信息放在网上，以直接招聘在国外的留学生回国工作。网络招聘也是近几年新兴的一种招聘方式，由于目前我国各类企业都具备上网条件，并且应聘者也能很方便地上网。所以网上招聘目前逐渐成

175

为广大青年求职者的首选，在大中城市的普及率正逐年呈上升趋势。在激烈竞争的人力资源市场中，网络招聘将会有很大的发展潜力。

同时，对于一个求职者来说，Internet已经成了求职的一个新天地。从普通文员到首席执行官，从卡车司机到轮船驾驶员，都可以在Internet上找到相关信息。只要登录某个招聘网站，那么每一个环节他都会享受到全方位的服务。比如智联网：不会写简历，可以根据自身情况使用它的N种不同简历模板；不懂得如何规划自己的职业，可以去求职指导看相关的分析文章；想知道职业行情，可以逛它的"职位商城"等。而且，所有这些服务都是完全免费的。

网络招聘不仅以全方位满足招聘用户需求为目标的，更懂得满足求职者的需求，这是现场招聘会根本不可能达到的。

【项目实施方法与过程】

任务一：注册企业用户

在进行网络招聘前，企业应先注册一个用户，以应届毕业生网站为例。

（1）打开IE浏览器，在地址栏中填入地址http://www.yjbys.com/，回车后进入应届毕业生首页，如图12.1所示。

图 12.1　应届毕业生首页

（2）在应届毕业生首页，单击企业会员的"注册"，进入注册新用户页面，如图12.2所示。填写用户名、密码等相关信息后，单击"同意以下服务条款，提交注册信息"即可。

（3）企业会员的初步信息已注册完成，如图12.3所示。

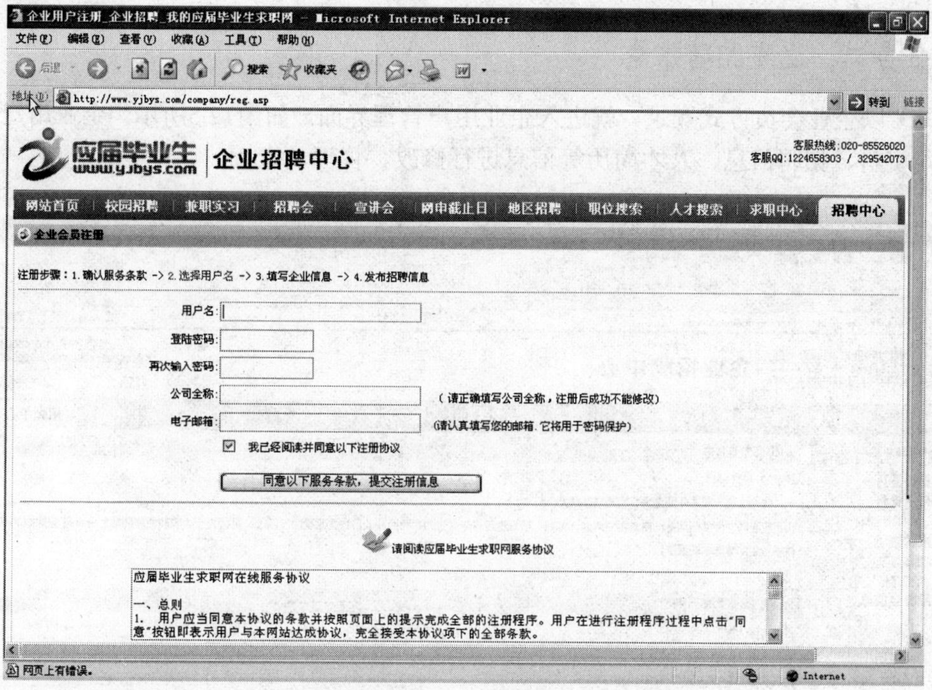

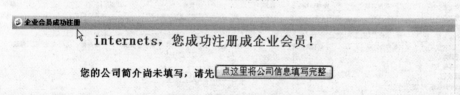

图 12.2　注册新用户

企业会员成功注册

internets，您成功注册成企业会员！

您的公司简介尚未填写，请先 [点这里将公司信息填写完整]

图 12.3　注册成功界面

进一步填写公司简历，可单击图 12.3 中"点这里将公司信息填写完整"按钮，进入公司简介界面进行填写，如图 12.4 所示。

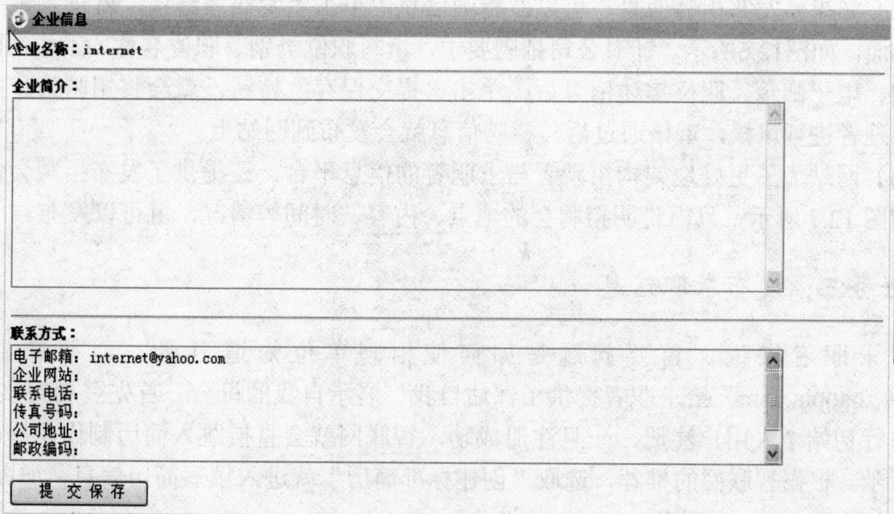

企业信息

企业名称：internet

企业简介：

联系方式：

| 电子邮箱：internet@yahoo.com |
| 企业网站： |
| 联系电话： |
| 传真号码： |
| 公司地址： |
| 邮政编码： |

[提 交 保 存]

图 12.4　企业简介界面

任务二：发布招聘信息

（1）以企业会员方式登录，就进入企业用户管理界面，如图12.5所示。企业用户可以对公司资料、招聘信息、人才简历等信息进行修改、管理及查询。

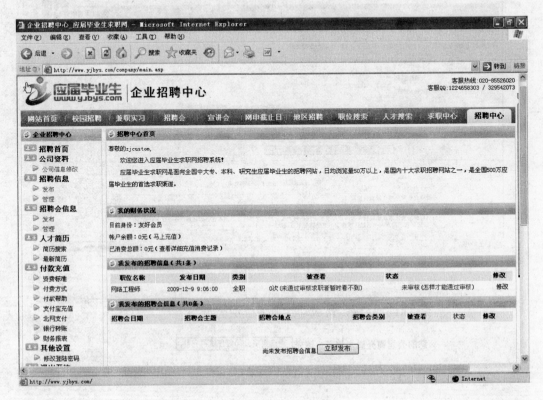

图 12.5　企业用户管理界面

（2）如果要发布招聘信息，可以在招聘信息中单击"发布"链接，就进入发布招聘信息界面，如图12.6所示。针对公司招聘要求，填写职位类别、职位名称、工作地区、截止日期、电子邮箱、职位描述信息后，单击"提交保存"按钮，就会将招聘信息提交给网站管理者进行审核，审核通过后，招聘信息就会发布到网站上。

（3）网站为了更好地架构招聘者与求职者的信息平台，还提供了发布招聘会信息功能，如图12.7所示。只需说明招聘会的地点、内容、时间等情况，就可以发布。

任务三：发布求职信息

对求职者来说，首要问题是如何使招聘单位知道自己，而智联招聘网（www.zhaopin.com）给求职者提供了评估自我、展示自我的机会。首先登录到该网站，然后进行初始个人用户注册，一旦注册成功，智联网就会直接跳入简历制作向导，如图12.8所示。根据智联网的推荐，选取"创建标准简历"就进入填写简历信息，如图12.9、图12.10所示。

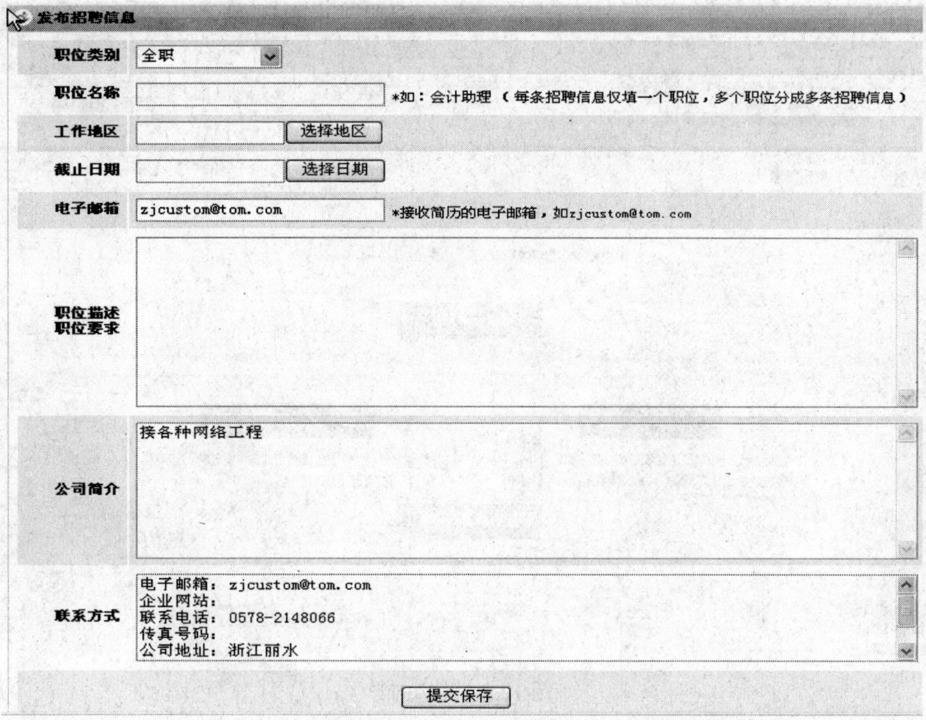

图 12.6　发布信息界面

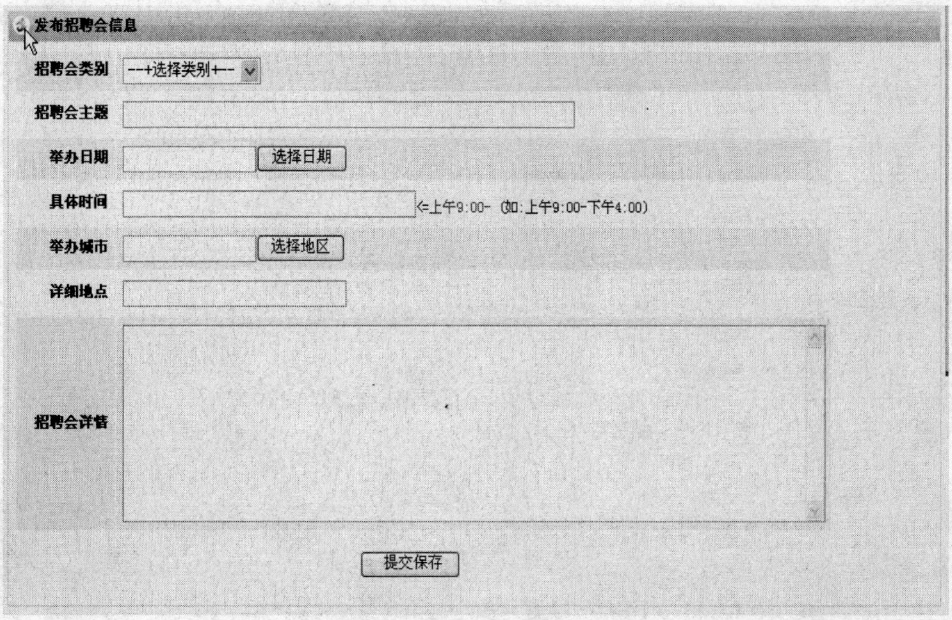

图 12.7　招聘会信息发布

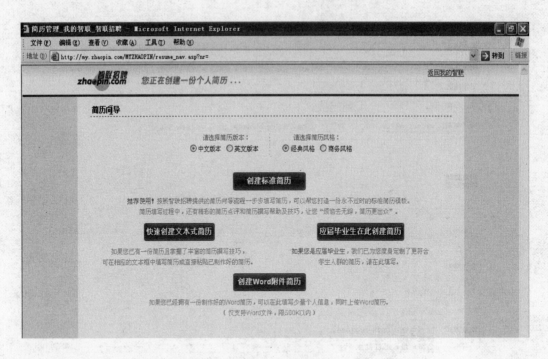

图 12.8 简历向导

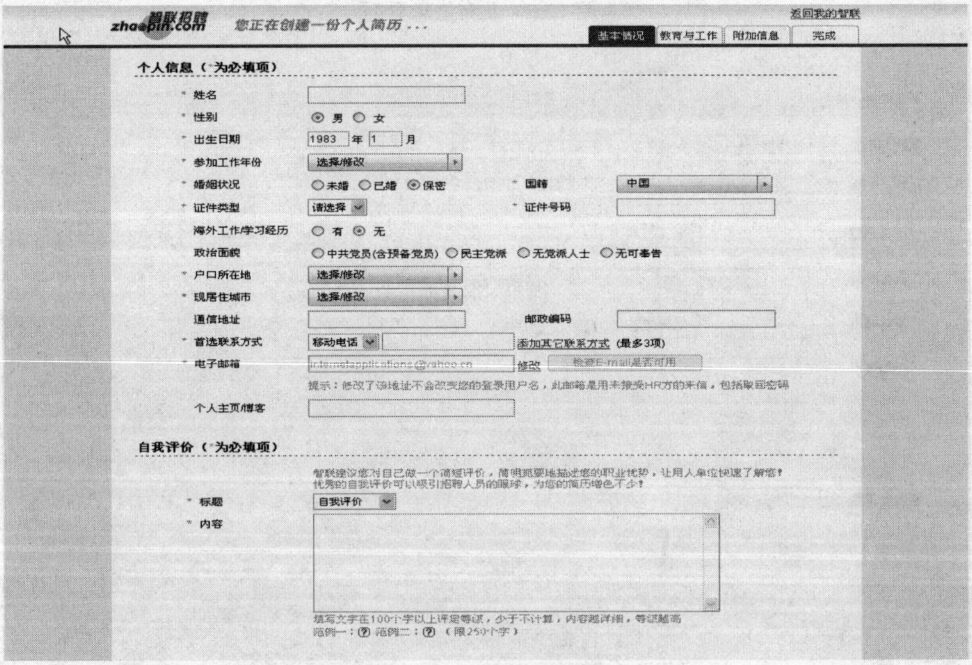

图 12.9 基本情况

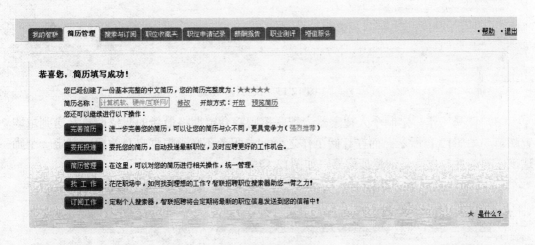

图 12.10　教育与工作情况

制作好自己的简历，网页直接跳入简历管理界面，如图 12.11 所示。如果对制作的简历不满意，还可以通过"完善简历"功能进行修改，或者通过"简历管理"重新制作一份简历。

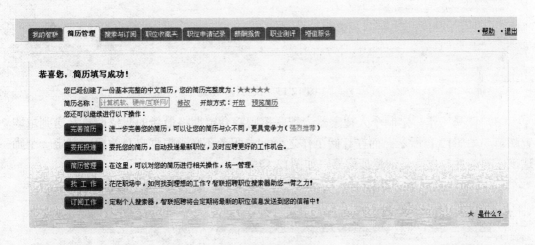

图 12.11　简历管理

完成简历制作工作后就可以找工作了，智联网提供了 3 种找寻工作的方式。

（1）委托投递。网站将自动找录符合求职者要求的工作，并自动将简历投递给招聘单位，如图 12.12 所示。

（2）找工作。网站将根据求职者手工输入的职位类别、行业类别、工作地点等要求来搜索工作，如图 12.13所示。智联网还提供了按职位类别搜索、按行业类别搜索、按地点搜索等方式。

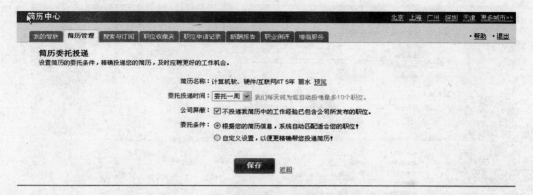

图 12.12 委托投递

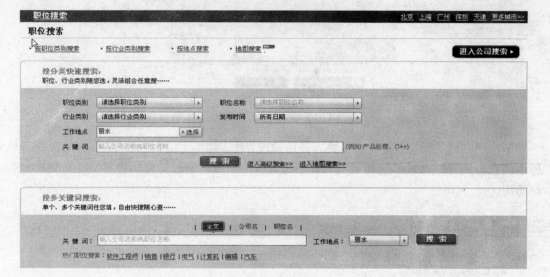

图 12.13 找工作

（3）订阅工作。定制个人搜索器，智联招聘将会定期将最新的职位信息发送到求职者邮箱，如图12.14所示。而在订阅工作之前，求职者还必须根据自身的要求制定一个筛选工作的条件，也就是创建搜索器，如图12.15所示。

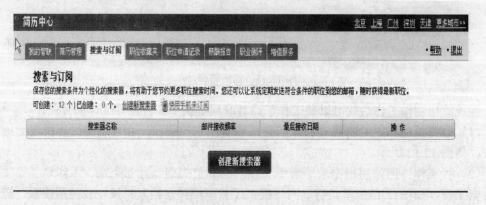

图 12.14 订阅工作

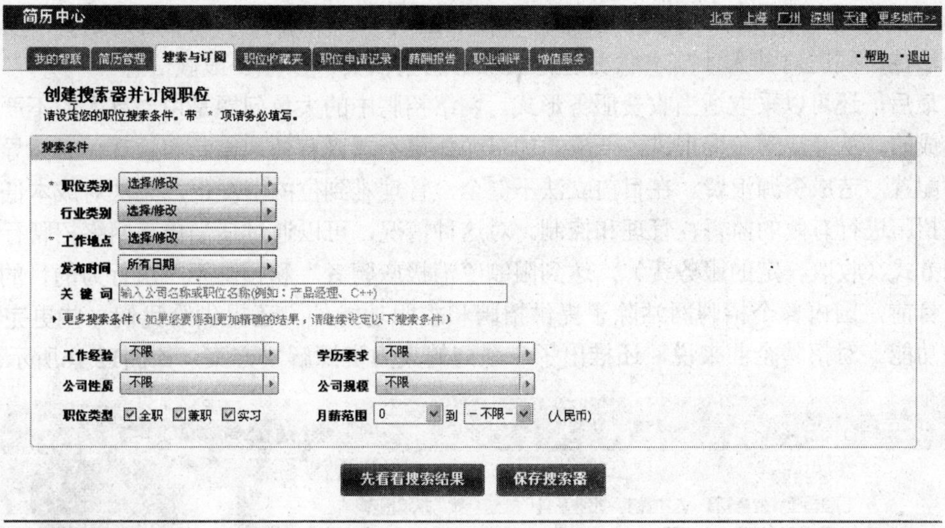

图 12.15 创建搜索器

【总结与深化】

据统计全球每天约有2000万条就业信息发布，约有3000多万人在Internet上发出求职简历。在Internet的发源地美国，平均每年有50%以上的人通过Internet更换工作。据《财富》统计，全球500强公司中有88%使用网络招聘员工。网络招聘在美国等国家已经深入人心，成为大学毕业生和职员求职的首选方式，在美国，上网找工作已经成为家常便饭，反而很少还有人在看报纸寻觅就业机会。微软更是E化管理的领航者，他们在进行网络招聘时，网上招聘信息不仅对外发布，同时也对内，微软在全球各个国家的公司有什么职位空缺，都发布在网上，求职者可以进行网上申请。然后微软在网上进行测评，如果认为你可以胜任，那么你就能成为微软公司的员工了。近年来，我国网络招聘也得到了迅速发展，网上人才市场以强劲势头冲击着传统的人才市场，人才网络迅速增加，服务类型多样、服务方式也丰富多彩，如行业的服装人才网、家电人才网、地区的广州人才网、深圳招聘网市场占有量不断扩大，还出现了全国性大型招聘网站前程无忧、中华英才网以及智联招聘。根据有关资料显示，前程无忧工作站每月新增值为3万个，有效职位7万个，空缺职位总数30万个。中华英才网每周新增职位2千多个，现有职位近19万个，每月新增个人求职简历3000余份，人才库总数10万余人。

面对网络招聘这样一个新生事物，有巨大的潜力但也有明显的缺陷，但不能摒弃不用，而应当加以改进完善。

首先是健全立法。Internet的发展日新月异，而目前我国在网络立法中，国家层面的立法相对滞后。现有的相关法律几乎没有针对网络招聘的，也没有相关案例可以借鉴，故而加强立法势在必行。这样能使网络招聘中的纠纷仲裁有地，受害者投诉有门，从而形成一个规范、有序的网上人才市场。其次，对招聘网站、招聘单位及招聘者都应进行思想道德教育，使他们用道德规范来约束自身行为，从而减少虚假信息和过时信息。

再次，建立规范的管理制度，明确网站、招聘单位和个人发布虚假信息所承担的责任。尤其是招聘网站应带有连带责任，这样可促使其对招聘单位和个人的信息进行监管。

对所有参加其网络招聘的单位都要进行"资质证明",要求对方出示相关证明,以确定其合法性,同时对其人才需求状况进行相应的调查核实,以减少虚假信息。

最后,还可以采取适当收费服务形式。网络招聘中的大量问题是由当事人的不严肃行为造成的。从经济学角度来讲,低成本的资源如果不加以有效地控制和管理,必然导致低效率配置,造成资源浪费。在目前立法不健全,管理难到位的情况下,无法对成本低廉的网络招聘进行有效的监督、管理和控制。对这种情况,可以通过适当提高网络招聘行为成本的方式(收取一定的服务费),达到限制"消极应聘者"和预防不严肃行为的目的。

目前,国内各个招聘网站除了提供招聘和求职功能外,还提供给我们一些更完善的服务功能。对招聘企业来说,还推出了一系列的人力资源解决方案,如图12.16所示。

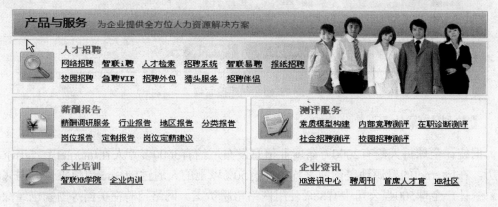

图 12.16　产品与服务

此外,智联招聘还为企业提供了各种人力资源(HR)信息,如图12.17所示。

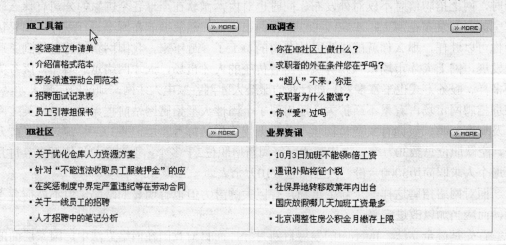

图 12.17　人力资源管理

对求职者来说,首先要了解人才市场的情况、再结合自己的职位定做,才可能找到一个好的工作。而智联网也提供给求职者了解市场,了解自我的一个平台,并拥有以下几个方面的功能。

1. 求职指导

针对当前求职过程中所能遇到的各种问题的分析和说明,如图12.18所示。

图 12.18　求职指导

2. 个人测评

在此网页码中，求职者可以通过对职业兴趣、IQ、EQ进行测试，如图12.19所示。

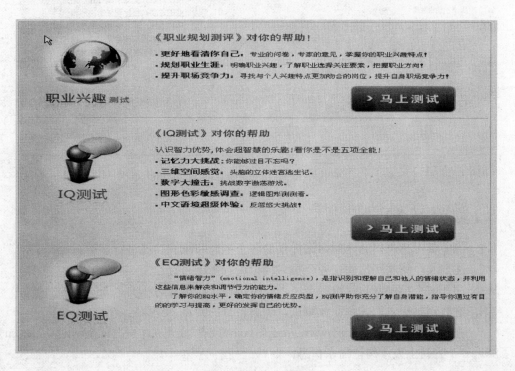

图 12.19　个人测评

职业规划测评可以帮助求职者通过专业的问卷，专家的意见，更好地看清自己，掌握自己的职业兴趣特点；通过明确职业兴趣，了解职业选择关注要素，把握职业方向，掌握自己规划职业生涯；通过寻找与个人兴趣特点更加吻合的岗位，提升自身职场竞争力，从而提升职场竞争力。

IQ 测试可以认识自己智力优势。主要有以下 5 个测试方面：

（1）记忆力测试。

（2）三维空间感觉测试。

（3）数字大撞击测试。

（4）图形色彩敏感调查测试。

（5）中文语境超级测试。

EQ 测试是指识别和理解自己和他人的情绪状态，并利用这些信息来解决和调节行为的能力。了解自己的 EQ 水平，确定自己的情绪反应类型，EQ 测评可以帮助求职者充分了解自身潜能，指导其通过有目的地学习与提高，更好地发挥自己的优势。

3. 薪酬查询

智联招聘薪酬查询服务为求职者提供目标职位类别的市场薪酬水平，为求职、跳槽和个人职业发展定位提供参考，如图 12.20 所示。

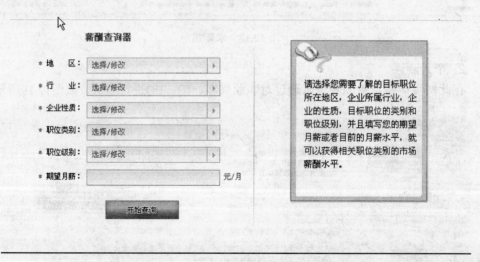

图 12.20 薪酬查询

【实践与体会】

1．浏览某个招聘网站，对网站提供的各个招聘和求职功能进行了解。

2．注册某个招聘网站的企业会员，模拟进行招聘事宜。

3．注册某个招聘网站的求职会员，模拟进行求职事宜。

4．进行网站提供的各种职业测试，了解自身的特点。

5．访问"智联招聘网"（http://www.zhaopin.com）或者"温州人才网"（http://www.hr.net.cn），了解近一个月网上人才岗位需求信息。

项目十三　博　客

【项目应用背景】

很多人都有记日记的习惯，通过日记可以记录身边发生的事，梳理自己一整天或一段时间的情感与情绪，达到很好的总结、回顾和留念的作用。日记可以把自己的心里话表达出来，在没人可以倾诉的情况下，可以缓解心里的压力。如果说阅读是与大师的心灵对话，那么写作就是与自己的灵魂对话。写日记也是练笔、写稿和积累素材的一种好方法，坚持写日记，可以养成认真观察的好习惯。更重要的是，把自己的所见所闻记下来，久而久之，不仅素材储备越来越丰富，而且写作分析能力也会不断提高。

传统的日记与网络技术相结合，产生了博客（Blog）。在网络上发表博客的构想始于 1998 年，2000 年博客开始进入中国，但并不很流行。通过 2004 年一个有争议的"木子美事件"和后来徐静蕾的博客，博客才真正为网民所熟知，各大门户网站纷纷设立了博客频道。博客以网络为载体，在迅速发布个人心得、及时与他人交流方面，其独特功效让广大网民众了解到了博客的作用并运用博客。2005 年，国内各门户网站，如新浪、搜狐等都纷纷加入博客阵营。由于沟通方式比电子邮件、讨论群组更简单和容易，博客已成为越来越盛行的沟通工具。后来，又出现了微博和 QQ 空间等多种形式的个性展示和表达的平台。

博客是在在网络上公开的，所以它不等同于私人日记，博客的概念肯定要比日记大很多。在表现形式上，博客也比传统日记更丰富，可以是文字，还可以是图片、声音和视频等。博客不仅仅要记录关于自己的点点滴滴，还注重它提供的内容能帮助别人。

有一句很好的话：博客永远是共享与分享精神的体现。

【预备知识】

中文"博客"一词，源于英文单词 Blog。Blog 是 Weblog 的简称，是 Web 和 Log 的组合词。Log 的原义则是"航海日志"，后指任何类型的流水记录。合在一起来理解，Weblog 就是在网络上的一种流水记录形式或者简称"网络日志"，对此概念的译名早期不尽相同，目前已基本统一到"博客"一词上来。博客也好，网络日志也罢，仅仅是一种名称而已，其实一个博客就是一个网页，它通常是由简短且经常更新的帖子所构成，这些张贴的文章都按照年份和日期倒序排列。

不同的博客的内容和目的有很大的不同，它可以是你纯粹个人的想法和心得，包括你对时事新闻、国家大事的个人看法，或者你对一日三餐、服饰打扮的生活心得等，也可以是在基于某一主题的情况下或是在某一共同领域内由一群人集体创作的内容。博客并不简单等同于"网络日记"。作为网络日记是带有很明显的私人性质的，而博客则是私人性和公共性的有效结合，它绝不仅仅是纯粹个人思想的表达和日常琐事的记录，它所提供的内容可以用来进行交流和为他人提供帮助，是可以包容整个Internet的，具有极高的共享精神和价值。博客记录个人的所见、所闻、所想，它的内容和形式可以是多种多样的，从新闻到日记、照片、诗歌、散文，甚至科幻小说的发表或张贴都有，也可以是对其他网站的超级链接和评论。

博客的主要作用如下：

（1）个人自由表达和出版。

（2）知识过滤与积累。

（3）深度交流沟通的网络新方式。

要真正了解什么是博客，最佳的方式就是自己亲自去实践一下。很多网站都可以免费开通博客服务，国内比较有影响的中文博客网有新浪博客、网易博客、搜狐博客、百度空间、中国博客网、腾讯博客和博客中国等。

1. 新浪博客(http://blog.sina.com.cn)

国内最大、最主流的BSP，以名人博客为主打牌，同时不乏优秀草根博客，受网友欢迎程度很高。

2. 搜狐博客(http://blog.sohu.com)

很大的博客服务提供商，用户很多。

3. 百度空间(http://hi.baidu.com)

国内用户4万以上，是博客的后起之秀，简洁明了，容易操作，页面完全可以自定义，是一个不错的选择。

4. 腾讯博客(http://blog.qq.com)

QQ 空间（即 Qzone），中国目前人气最旺的博客之一。国内首家支持全屏和迷你两种模式的博客，具有装饰功能，深受年轻用户的喜欢。喜欢"漂亮博客"的朋友可以考虑。

5. 博客中国(http://www.bokee.com/)

最完备，知识最全面的博客网站。

6. 中国博客网(http://www.blogcn.com/)

分类很清楚，里面的知识面也很广泛，整体不错。

【项目实施方法与过程】

任务一：浏览博客

个人博客服务一般是由各大网站提供的，在这些网站中会有对应的博客板块，用户浏览博客站点中的个人博客首先要通过这些网站作为入口进行访问。

如要浏览网易博客，首先打开浏览器，在地址栏中输入http://www.163.com，打开网易主页，在导航栏中找到"博客"，如图13.1所示，单击进入博客社区。在该网页中可以浏览各博客更新的最新消息，还可以按分类浏览你感兴趣的博客，如"社会"、"生活"、"历史"、"文艺"、"财经"、"科学"、"明星"等，如图13.2所示。

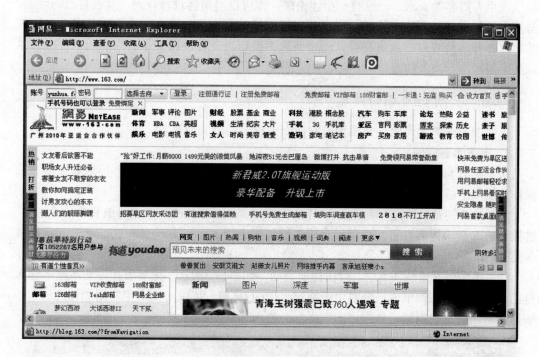

图 13.1　网易首页的博客链接

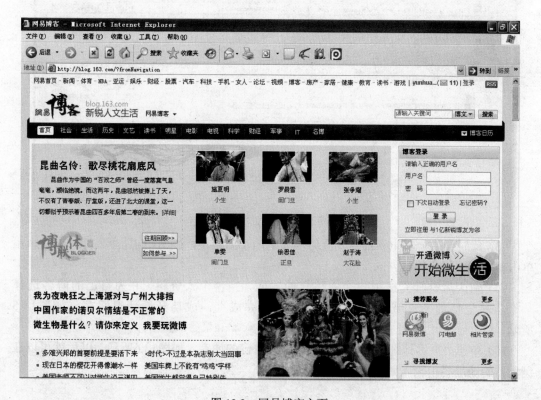

图 13.2　网易博客主页

在个人博客的页末，一般有一个评论区，你可以对博客进行评论，发表自己的观点，与博主进行交流。新浪、搜狐、网易等大型网站都有大量的博客，里面不凡名人名家的博客，各种思想观点在这里交锋，阅读博客不仅可以让你获得大量有用的知识，也可以就某个问题进行深入的探讨，还可以结识朋友。

任务二： 开通自己的博客

下面以新浪博客为例，介绍如何制作一个精美的个人博客。

1．申请博客空间

用户要有自己的博客，首先要在网络中申请一个自己的博客空间。申请新浪博客的操作方法如下：

（1）打开浏览器，进入新浪主页（http://www.sina.com.cn），单击导航栏中的"博客"链接，进入新浪博客首页，也可以直接在地址栏中输入http://blog.sina.com.cn进入新浪博客页面。

（2）单击"开通新博客"，弹出注册页面，如图13.3所示，按要求在各文本框中输入自己的注册信息。如果你已经有电子邮箱，如QQ邮箱，可以单击"用常用邮箱注册"，按提示完成信息的填写，单击"下一步"，进入确认步骤。

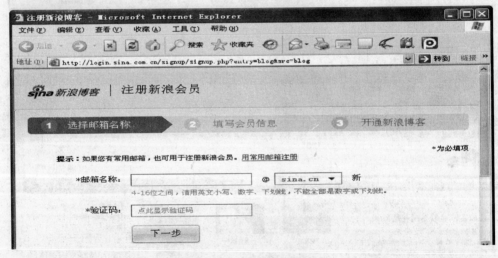

图 13.3　新浪博客会员注册页

（3）此时会有一封电子邮件发至你填写的电子邮箱中，如图13.4所示，打开电子邮箱单击相关链接进行确认。

（4）确认后继续完成用户个人信息的输入，完善个人资料，并为自己的博客选择一个容易记忆的个性域名地址，最后单击"完成"，成功开通新浪博客，如图13.5所示。

（5）单击"博客地址"后面的链接，进入自己的博客，如图13.6所示。以后就可以在浏览器的地址栏中输入博客的地址来打开博客。

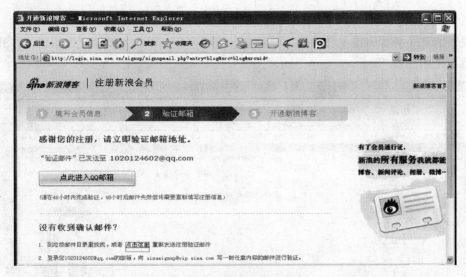

图 13.4　新浪博客会员验证

图 13.5　成功开通新浪博客

图 13.6　新浪博客

2．发表博文

发表博文是博客的最主要功能。登录自己的博客后，单击"发博文"按钮，打开发博文界面，如图13.7所示。

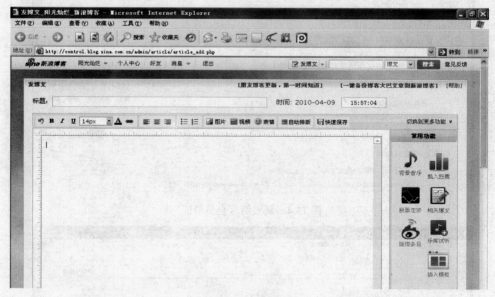

图 13.7　发表博客

（1）在"标题"文本框中输入当前博文的主题。

（2）在文档编辑窗口中输入博文内容，还可以在文章中插入图片，使博文图文并茂，还可以使用常用功能为博文设置背景音乐等对象，使博文更加精彩。

（3）完成相关的设置，如可以根据情况设置是否允许阅读者评论，以及"投稿到排行榜"、"投稿到博客论坛"等。最后单击"发博文"完成发表，如图13.8所示。

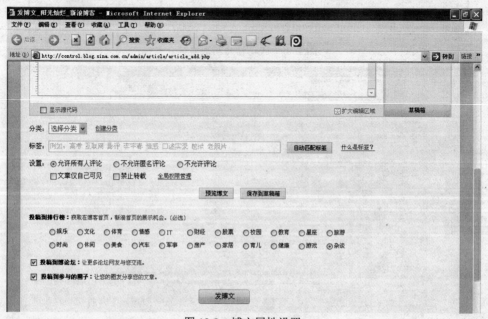

图 13.8　博文属性设置

3．相册与播客

新浪博客还具有上传图片和视频的功能，图片上传后制作相册或作为博文配图使用，视频上传后以播客的方式展示。上传图片和视频的操作如下：

（1）单击博客用户名右侧的倒三角打开下拉式列表框，如图13.9所示的快速通道，单击"相册"或"播客"分别打开如图13.10和的相册和图13.11所示播客界面，按页面上的要求上传图片或视频，即可完成上传。

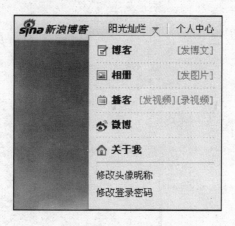

图 13.9　相册、播客快速通道

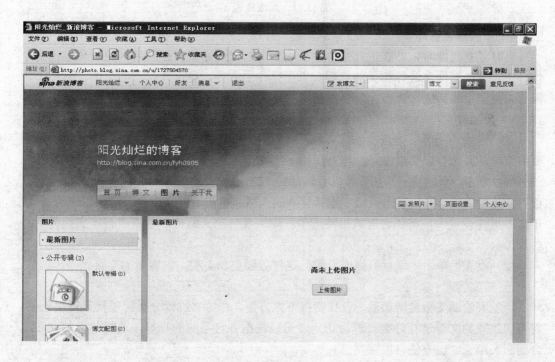

图 13.10　新浪博客相册

（2）访问者可以打开浏览相册或观看播客视频。在博文中插入的图片会自动保存到"博文配图"专辑中。

图 13.11　新浪播客

4．个人博客管理

当有了自己博客，并能进行基本的操作后，一定还希望自己的博客更加美观、有个性，还希望能对博客进行相关的管理，以便操作更方便，更符合自己的习惯，并便于访问者方便浏览和阅读。博客管理要在登录后进行后台相关操作。

1）页面设置

页面设置功能可以把自己的博客设置成有自己个性的风格、版式，可以设置自己需要的组件，并能自定义组件。操作方法如下：

（1）单击"页面设置"按钮，打开如图13.12所示的页面设置界面，单击"风格设置"标签，从提供的丰富的版面风格中选择喜欢的风格；单击"版式设置"选择相应的版式；单击"组件设置"，将要选取的组件选中；如果要自定义组件，单击"自定义组件"进行添加。

（2）设置后单击"保存"完成设置，这样版面更加美观，内容更加丰富。

2）博文管理

当发表的博文数量增加后，查找变得不太方便，对博文进行分类管理就显得很重要。对不同主题的文章进行分类管理，访问者可以根据各自不同的喜好，选择想看的文章，方便别人浏览，也方便自己管理。

（1）在图13.13所示的博文页面，单击博文板块的"管理"，打开博文管理界面，如图13.14所示，进行相关设置，在"分类管理"的文本框中输入要新建的分类，再单击"创建分类"，可以创建一个新的分类。对已经创建的分类，可以进行编辑，修改分类名，也可以将它删除。

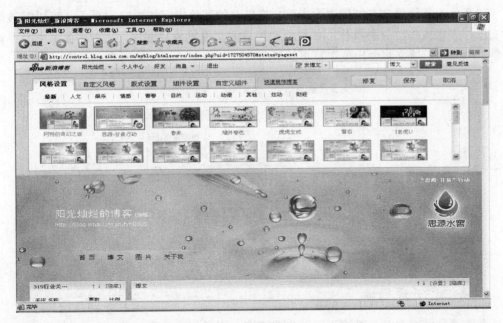

图 13.12　页面设计

图 13.13　博文管理

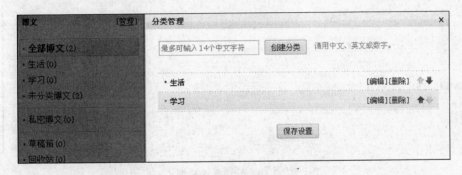

图 13.14　博文设置

195

（2）单击某篇博文右侧的"更多"，在展开的菜单中，如图13.15所示，可以对该篇博文进行删除或修改分类操作，如果要把该篇博文设置成"置顶"，单击菜单中的"置顶首页"即可，博文将会出现在首页的最前面。

图 13.15　单篇博文管理

（3）各项设置操作后，单击"保存设置"完成设置。

（4）如果已经创建了分类，在发博文时，即可为它选择相应的分类。

任务三：开通微博

微博就是微型博客。微博不同于一般博客，它只记录片段、碎语，三言两语，现场记录，发发感慨，晒晒心情，永远只针对一个问题进行回答。

尽管微博早几年就出现了，但2009年是中国微博蓬勃发展的一年，被称为最酷最火的沟通交流工具。你正在听什么音乐，或者你走在路上发现什么有意义的事，或者有什么突发奇想，马上通过手机发送，把这些片段、观点记录下来，然后让你的朋友们知道，这个过程和感觉是非常棒的。你也可以通过微博了解你关心的人的最新动态。

1．开通新浪微博

有了新浪博客，开通微博非常方便，单击博客页面中的"微博"按钮，打开新浪微博，如图13.16所示，填写昵称等相关信息，完善个人资料，最后单击"立即开通"就可开通微博，拥有一个非常时尚的个人微博。

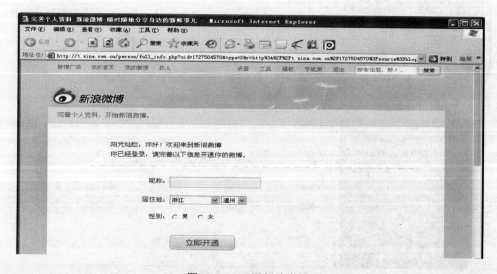

图 13.16　开通新浪微博

2.微博操作

微博的主页很简洁，如图13.17所示，它的操作很简单，微博中有一个文本框，把你想说的写在里面，文字不超过140个字，输入后单击"发布"就可以了。写微博比写其他东西简单得多，不需要标题，不需要段落，更不需要漂亮的词汇。

图 13.17　微博主页

新浪网上的新闻后有一个"转发此文至微博"，你可以第一时间快速转到自己的微博，与手机绑定后，还可以用手机短信的方式发布微博。

和博客的操作类似，也可以对微博和版面风格进行设置。单击微博页面上的"设置"，打开如图13.18所示的设置页面，进行相关设置即可。

任务四：开通腾讯 QQ 空间

QQ空间（Qzone）是腾讯公司于2005年开发出来的一个个性空间，具有博客的功能，自问世以来受到众人尤其是年轻人的喜爱。在QQ空间上可以写日记，上传自己的图片，听音乐，写心情。通过多种方式展现自己。除此之外，用户还可以根据自己的喜爱设定空间的背景、小挂件等，从而使每个空间都有自己的特色。QQ空间还为精通网页的用户还提供了高级的功能：可以通过编写各种各样的代码来打造自己的空间。

1.开通 QQ 空间

首先你需要有一个QQ号码，如果还没有你可以先去申请。QQ登录后，单击左下角的腾讯图标，即主菜单，在弹出的菜单中选择所有服务，再在下级菜单中单击QQ空间，

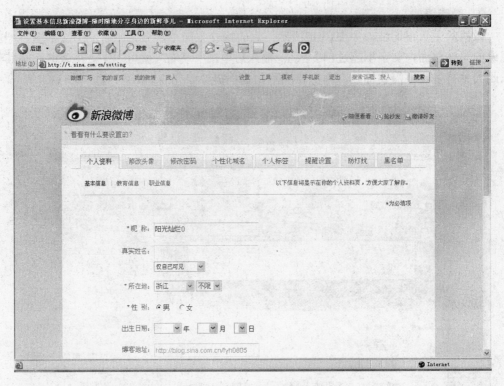

图 13.18　微博设置

如图13.19所示，打开QQ空间新用户注册页面，如图13.20所示，按页面内容选风格和填资料后单击"立即开通"，QQ空间就开通了，如图13.21所示。

图 13.19　QQ 主菜单

图 13.20　开通 QQ 空间页面

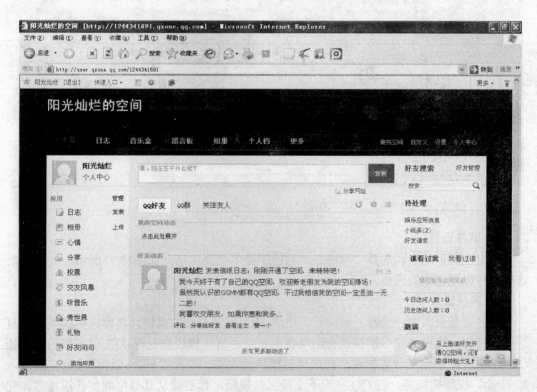

图 13.21　QQ 空间

QQ空间中有"主页"、"日志"、"留言板"、"相册"和"说说"等页面,可以通过导航栏进行切换。你可以在"日志"页面中发表日志,在"说说"页面中写一些你此刻的心情,日志、相册和心情等的更新都会出现在好友的空间中,所以说QQ空间是一种多人交流的平台,一个好友圈,是网络时代的一种社交方式。如果你的好友圈是美丽的,那么QQ空间就是一个美丽的网络会所。

2.布置 QQ 空间

QQ空间的不同布局和丰富的装饰功能是它的一大特点,可以选择自己需要的模块,还可以通过装饰进行美化,这一点深受年轻用户和学生的喜爱。

1)版式布局设置

单击"自定义"按钮,在打开的自定义页面中选择"版式布局",如图13.22所示,可选的有"宽版"、"全屏"和"小窝"3种布局形式。

图 13.22 版式布局设置

2)风格设置

在自定义页面中,选择"风格",列出了众多页面风格,如图13.23所示,从中可以选择一种你最喜欢的风格。

3)模块设置

在自定义页面中,选择"模块",出现 QQ 空间自带的摸快,将你选中的模块的复选框中打勾,选中的这些模块就会出现在主页中。每个模块都是浮动的,你可以用鼠标拖动各个模块,摆放到合适位置,并可调整模块的大小。除此以外,还可以自定义模块,如 Flash、视频模块等,但 QQ 空间不支持上传视频,你必须从其他空间如新浪播客、优酷等网站用网址链接的方法将视频添加到模块里。

图 13.23 风格设置

设置完成后单击"保存"生效。

图 13.24 所示是选择了"小窝"版式,"棕色咖啡"风格后的效果,主页内的模块有"日志"、"个人档"、"心情"、"相册"等。

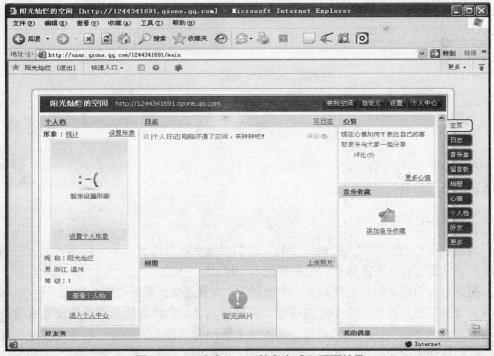

图 13.24 "小窝"、"棕色咖啡"页面效果

4）装扮空间

单击"自定义"按钮，然后到网上找可以免费使用的代码，可以在各大搜索网上面搜索"空间免费代码"，精确查找可以用导航、皮肤、鼠标、挂件等关键字一起查找。

找到代码以后，把它复制下来，然后粘贴在空间的地址栏上面，注意一定是要在"自定义"状态下，按回车键效果就出现了，喜欢的话单击"保存"保存下来，如果不喜欢就再接着找另外的代码。有些代码可能已经失效，会不起作用。如图 13.25 所示，当执行了一个叫"梦"的装饰代码，代码是"javascript:window.top.space_addItem（7,7981,0,0,0,1,0）；"，执行后页面右下角出现了一个装饰图案。

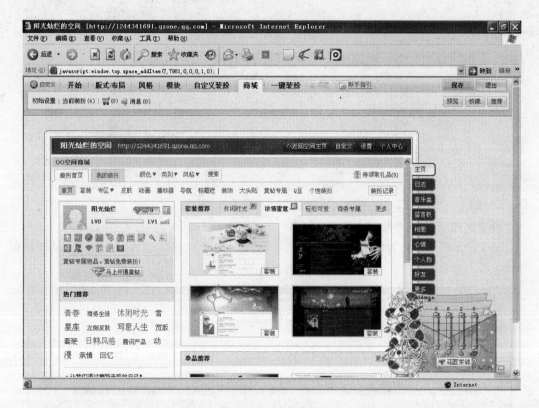

图 13.25　装扮空间

腾讯QQ空间对免费用户可用的装饰比较有限，如果成为付费的会员，可供的装饰有更多的选择，装扮的空间更美观，更具个性。

【总结与深化】

本项目中提到的博客、微博和空间，它们都属于以自由表达和出版形式发表的网络日志，但它们又有各自的特点，用户群也不一样。

微博最为简单，简介三言两语，现场记录，发发感慨，晒晒心情，字数一般在140字以内，通过手机发布和阅读不受地域限制，使用方便，和博客的长篇大论比起来更符合当今快节奏的生活方式。微博在自己的首页上就能看到别人的微博，如果内容能引起关注，这种被动阅读的方式会通过粉丝转发得以迅速扩展，作用也不能小视。

博客是一种网络日记，又不简单等同于网络日记，网络日记带有明显的私人性质，而博客则是私人性和公共性的有效结合，它绝不仅仅是纯粹个人思想的表达和日常琐事的记录，其精髓是用个人的视角，以整个社会为视野，精选和记录身边或Internet上看到的精彩内容，进行深度的交流，具有更高的共享精神和价值。博客主要以写文章为主，展示自己的观点和思想，博客里博主的身份可以是真实的，也可是不真实的，有时候掩饰了自己的身份却更能暴露真实的内心，没有任何约束。

QQ空间简单来说也是一个博客，日志功能你可以写一些日志文章或把一些喜欢的文章转到自己的空间，与好友分享，还有相册和音乐收藏等功能可以上传照片或收藏喜欢的音乐。QQ空间是一个属于你自己的个性空间，主要用于好友之间的交流，在这里我们的身份是真实的，是一个真实的网上社区，因此往往无法展现出真实的自己，当然你可以加密或指定人才可以看你的空间。QQ空间还可以随心所欲地更改空间装饰风格，展示你的个性，释放你的精彩，是一种为新新人类提供的全新的网络生活方式。

关于博客和空间有相同或相近的地方，但也有区别，主要有：

（1）读者群不一样，访问量的差别很大。博客更具有开放性。面向的是世界，任何网民在Internet上都可以看到你的博客。一个好的博客，一年的访问量可能会达到几万到几十万、甚至一两千万次的总单击率；而QQ空间，好友较少的一年可能只有几千次的单击率，最多会是一两万次。因为QQ空间的访问者只限于好友。

（2）独立网址。博客的文章链接有独立网址，也就是固定链接，这样便于网页被搜索引擎收录；QQ空间的文章没有独立网址。

（3）知名度的提升空间。博客的知名度提升空间很大，推广方式有很多种；QQ空间的知名度提升空间很小，很难推广。

（4）RSS订阅。博客支持RSS，QQ空间没有RSS，无法订阅RSS。

（5）开通方式。QQ空间与QQ软件绑定，有了QQ号码后单击就可开通进入QQ空间，很容易就可以免费申请；而博客的申请相对麻烦一些。

（6）评论管理。QQ空间因为是好友圈，所以违规评论少；博客因为人际关系广、复杂，所以维护评论要付出很多精力。

提高博客的影响力和知名度是很博主的愿望，要想使自己的博客有更大的影响力和知名度，应该注意以下以个方面：

（1）博客文章要有新意、有思想性、有可读性，要新颖、充满真情，或者要有丰富的知识，总之要有独特的风格和吸引人的内容。

（2）文章更新频繁，月刊或是季报很难吸引人时常来阅读你的博客。

（3）设定个容易记住的网址和一个好的名称。

（4）版面设计要美观简洁。

（5）多宣传交流，常到别人的博客留言，参与话题讨论，你对别人投之以李，别人也会对你报之以桃的。

（6）交换友情链接，并尽可能多的公布你的博客地址。

【实践与体会】

1. 比较博客、QQ空间和微博，哪一种方式更适合你，更喜欢哪一个？

2．如果你已同时拥有了新浪博客和QQ空间，上传一段用摄像机拍摄的视频到新浪播客，然后在QQ空间自定义添加视频或Flash组件，把新浪播客中的视频设置添加到QQ空间。

3．试着在网络查找QQ空间代码，并用它装扮空间。

4．博客与个人主页有哪些区别？

5．提出自己对博客营销的设想。

项目十四　网上休闲娱乐

【项目应用背景】

网络上不仅有大量的资讯和丰富的资料，给人们的工作、学习带来方便，也有各种形式的休闲娱乐资源，在工作、学习之余听听音乐，看看电影视频，玩玩网络游戏可以起到劳逸结合、愉悦身心的作用。网络休闲娱乐功能的不断增强，多样的休闲娱乐形式的不断出现，正在逐步改变传统的休闲娱乐方式，收听广播、收看电视这些原来需要用专门的接收设备才能完成的方式，现在可以用计算机在网络上都可以实现，而且不受地域、环境等因素的影响，资源更加丰富。引人入胜的网络游戏更是吸引了很多人。人们足不出户就可以体验到各种休闲娱乐项目带来的享受。

但是网络图书、网络音乐、网络电影等也受到知识产权保护等的影响，受到一定程度的限制，无法完全替代传统的阅读和收听、收看习惯。网络游戏的成瘾性也在青少年中产生了不小的负面影响，备受争议。如何正确、适度地使用网络休闲娱乐功能，应该引起大家的思考。

【预备知识】

网上广播、电视节目不同于原有的通过无线电波传送或模拟信号有线传送的方式，它通过Internet，以数字信号进行传送，在带宽足够的情况下，效果更好，资源更丰富。网络广播、电视节目可以通过Web页（打开相应的网页）或用专门的软件两种方式进行收听、收看，如中央人民广播电台音乐之声网址是http://musicradio.cnr.cn/，中央电视台网址是http://www.cctv.com/，如果要切换不同的电台、电视台，要打开不同的网页。另一种是通过专门的软件进行收听、收看，如龙卷风网络收音机、PPS、PPLive网络电视等。龙卷风网络收音机收录了世界上很多的电台，资源丰富、使用方便；PPLive网络电视有丰富的节目源，并支持节目搜索功能，除了电视节目外，还能收看高清电影。

游戏与其他的娱乐形式不同，它是一种参与和交互的娱乐形式。看电视、看电影是被动的娱乐形式，你是通过观看来理解它们，但却不能参与。当人们玩游戏时，他们因积极参与而得到了娱乐。计算机游戏一般都含有故事情节，游戏者通过玩游戏能经历故事的情节，因而更吸引人，所以深受欢迎。目前较受欢迎的综合性游戏网站有QQ游戏、联众游戏等，它们提供的游戏种类繁多，可以满足不同兴趣的人的娱乐需求，另外还有一些专门的游戏网站和在线小游戏。

【项目实施方法与过程】

任务一：在线听广播

1. 通过 Web 页在线收听广播

Web页在线收听广播的方法与一般上网浏览操作相似，在浏览器的地址栏中输入网站的网址，打开网页，找到想要听的节目，单击收听。

如中国广播网，网址为http://cradio.cnr.cn，打开后页面如图14.1所示，里面有多套广播节目频道，单击一个想听的频道，如"音乐之声"，打开如图14.2所示的中国广播网音乐之声页面，可以同步收听在线节目，还可以点播其他时间播出的节目。

图 14.1　中国广播网主页

利用Internet，还可以收听到其他国家知名广播公司的节目，如英国广播公司的BBC，学生不仅可以通过收听获知相关资讯，欣赏音乐，还是学习英语的一种好方法。

运行IE浏览器，在地址栏中输入http://bbc.co.uk/radio，进入BBC主页，如图14.3所示，有多个节目频道可以选择，如要收听选择第一套节目，选择"1"，单击"Radio 1 Homepage"打开该网页，再在导航栏选择节目，如新闻，单击"News"就可收听BBC的新闻节目，如图14.4所示。

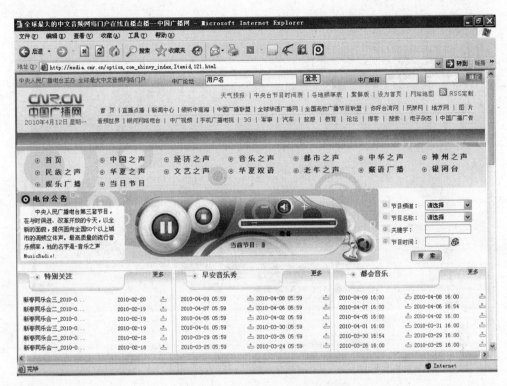

图 14.2　中国广播网音乐之声

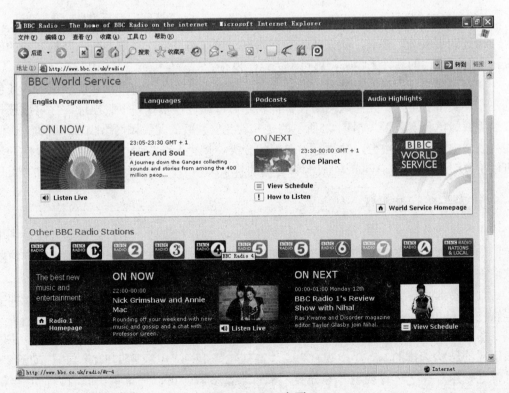

图 14.3　BBC 主页

图 14.4　BBC 新闻广播

2．利用客户端软件收听广播

通过网页收听广播时，如果要收听不同电台的广播节目，需要不断重新打开新的网页，而利用专门的软件来收听，就可免去这个麻烦。

龙卷风网络收音机是一款比较受欢迎的网络收音机软件，它内置了许多电台，还包括不少英文节目电台。龙卷风网络收音机软件可以通过搜索找到下载地址，你可以选择安装版或绿色免安装版。如图14.5所示的是一款免安装版的龙卷风网络收音机界面，右侧的列表中内置了许多电台，并进行了详细的分类，按树形结构编排，频道树可以展开也可以折叠起来，操作与Windows资源管理器的目录树相似，可以很方便找到喜爱的节目。

任务二：收看影视

收看电视节目或电影，可以访问相应的网站进行在线观看，但最方便的方法是利用专门的应用软件来收看，PPS、PPLive和QQLive都是比较受欢迎的网络电视软件，这些软件除了能收看电视节目外，还能收看高清电影。

首先要到网络上搜索下载软件，也可以直接到下载资源比较丰富的网站下载，如华军软件园（http://www.onlinedown.net），下载后安装。

图14.6所示是用PPLive收看的湖南卫视节目，界面右侧是分类节目列表，也是以频道树的结构编排的，有"电视台"、"高清电影"、"电视剧集"、"热门动漫"、"综艺娱乐"和"体育现场"等分类，节目丰富多彩，可以任意单击收看，而且全部是免费的。

208

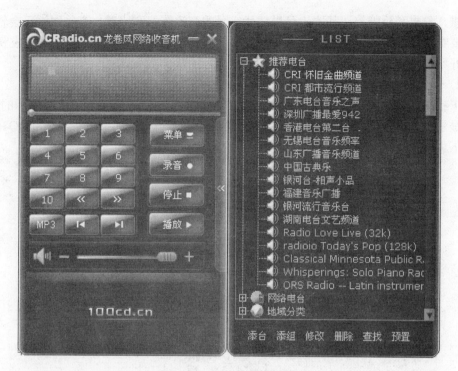

图 14.5　龙卷风网络收音机

图 14.6　PPTV

任务三：在线网络游戏

　　网络游戏种类繁多，可以满足不同人群、不同兴趣游戏爱好者的需求。目前比较受欢迎的有QQ游戏、联众游戏等。有些游戏网站的竞技智力体育项目的网络游戏化很成功，如围棋、象棋和桥牌等，基本上可以替代实际的交流练习和比赛，有些网站还会转播棋牌重要赛事，并定期邀请职业选手进行指导赛，是你与不同地区爱好相同的朋友切磋交流的好场所。还有一些休闲益智游戏是你放松消遣的好选择。

1. QQ 在线游戏

下载并安装QQ软件后，双击桌面上的"QQ游戏"图标，弹出如图14.7所示的"QQ游戏登录"窗口，输入QQ号及密码，单击"登录"即可进入游戏。也可以在QQ在线的情况下，从主菜单进入游戏。

图 14.7　QQ 游戏登录界面

要想玩某个游戏，首先要安装该游戏的客户端程序，不同的游戏都要先下载安装相应的客户端程序。例如想玩五子棋游戏，单击左边游戏列表中的"棋类游戏"，找到"五子棋"，如图14.8所示，双击下载"五子棋"客户端程序，下载完成后自动弹出安装对

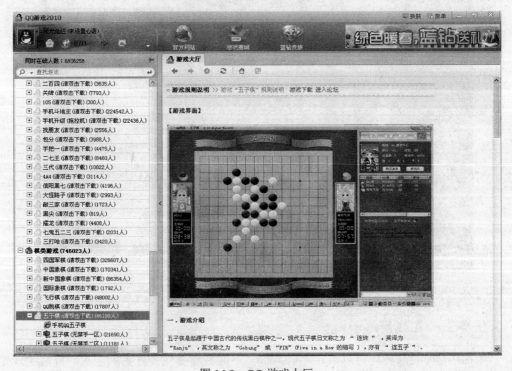

图 14.8　QQ 游戏大厅

话框，根据提示进行安装，安装运行程序后，先进入一个房间，并找空位置坐下，等对手坐下后，即可对弈。其他游戏的操作方法相同，可以根据自己的爱好选择想玩的游戏。

2．联众在线游戏

联众作为最大的在线游戏网站，也提供了许多丰富、精彩的在线游戏。联众游戏的操作步骤如下：

（1）打开联众游戏网站（http://www.ourgame.com），在页面上下载"游戏大厅"客户端程序，并进行安装后运行出现如图14.9所示的登录界面。

图 14.9　联众游戏登录界面

（2）输入用户名和密码，登录联众游戏大厅。如果还不是联众游戏的用户，先单击"免费注册用户"按钮，申请一个免费的游戏用户。登录后的联众游戏大厅如图14.10所示。

图 14.10　联众游戏大厅

211

（3）不同的游戏也要先下载安装相应的客户端程序，操作方法与QQ游戏相似。联众游戏会不定期邀请专业选手进行教学指导比赛，你也可以进入旁观学习。

【总结与深化】

电影是一个深受人们喜爱的艺术形式，它画面清晰、制作精美、场面宏大，给人以逼真、身临其境的艺术感受。所以很多人通过网络观看电影，除了前面所述用客户端软件来收看电影外，还可以先将电影下载到本地计算机后再观看，它不受带宽等限制，播放流利，对优秀的电影还可以收藏或刻录成光盘，用家用DVD等播放设备播放。

将高清电影下载到本地计算机后，通过大屏幕高清平板液晶电视家庭影院进行播放，可以享受高质量的高清画面和音响效果，体验在电影院观看的感受，如图14.11所示。

图 14.11　家庭影院

要观看到高清电影，首先要具备一定的设备条件，如高清平板液晶电视机和带HDMI高清接口的个人计算机或笔记本计算机，图14.12和图14.13所示分别为液晶电视和笔记本计算机的高清接口，用专门的连接线连接后，就可以在大屏幕平板电视上播放存储在计算机上的高清电影。其次，要下载高清视频，如1080P的高清电影。

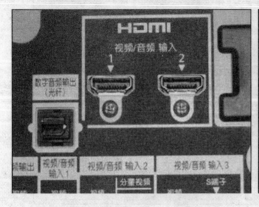

图 14.12　液晶计算机的高清接口

图 14.13　笔记本计算机的高清接口

1080P是一种视频格式，有效显示格式为1920×1080，像素数达到207.36万。其数字1080则表示垂直方向有1080条扫描线，字母P意为逐行扫描（Progressive Scan）。1080P即通常所说的全高清电视，是目前最高质量的显示标准，1080P的高画质给人们带来真正的家庭影院的视听享受。除1080P的视频外，还有720P、480P等，也比较清晰，但不是真正意义上的高清。

一部1080P高清电影的文件大小一般都可达10G以上，当磁盘分区格式是FAT时，是不支持超过4G的单个大文件的，如果你要准备下载高清电影，应先将磁盘分区格式转换成NTFS文件系统。图14.14是在电驴下载（http://www.verycd.com）上搜索1080P高清电影的结果。

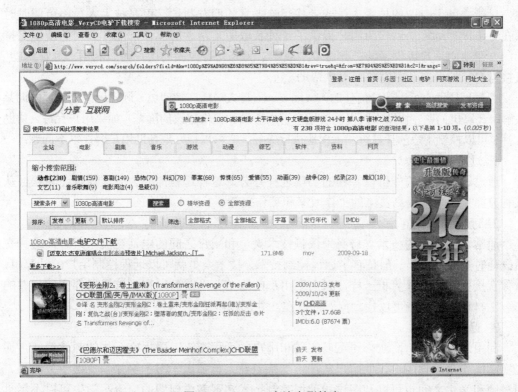

图 14.14　1080P 高清电影搜索

网上电影文件一般有avi、mov、mpeg、rm，rmvb等文件格式，其中avi格式的文件是微软公司Windows下的电影文件格式，可以用Windows的媒体播放器来播放；mov格式的文件需要苹果公司的Quick Time软件播放，该软件可以从http://www.apple.com下载；mpeg格式的文件则是标准电影文件格式，具有最大的压缩比。常用媒体播放软件能播放多种格式的视频，如暴风影音。

【实践与体会】

1. 通过搜索，分别下载1080P、720P和普通视频节目，比较其清晰度。

2. 通过视频格式转换软件，试着将一部你喜欢的电影转换成3GP格式，如果你的手机支持3GP视频播放功能，把它复制到自己的手机里观看。

项目十五 远程协助

【项目应用背景】

【项目应用背景】

使用计算机的过程中，会遇到各种各样的问题。在那些自己不能独立解决的问题面前，只能求助于专业的技术人员或者找经验丰富的朋友帮忙。可是技术人员不可能时时都在身边，"远程协助"为用户提供了一种获取所需帮助的途径，能使公司的技术支持部门方便地向用户提供帮助，并可节约成本。另外，有经验的用户可以利用"远程协助"直接为自己的朋友和家庭成员提供帮助。

"远程协助"可以让受信任的人（朋友、支持人员或IT管理员）远程地或交互地协助某人解决计算机问题。协助人可以查看用户请求协助和提供建议的屏幕。如果用户允许，协助人甚至可以控制用户的计算机和远程地执行任务。它可以很好地帮助用户解决以下问题：

1. 远程办公

通过远程控制功能可以轻松的实现远程办公，这种远程的办公方式新颖、轻松，从某种方面来说可以提高员工的工作效率和工作兴趣。

2. 远程技术支持

通常，远距离的技术支持必须依赖技术人员和用户之间的电话交流来进行，这种交流既耗时又容易出错。但是有了远程控制技术，技术人员就可以远程控制用户的计算机，就像直接操作本地计算机一样，只需要用户的简单帮助就可以得到该机器存在的问题的第一手材料，很快就可以找到问题的所在，并加以解决。

3. 远程交流

利用远程技术，商业公司可以实现和用户的远程交流，采用交互式的教学模式，通过实际操作来培训用户，使用户从技术支持专业人员那里学习示例知识变得十分容易。而教师和学生之间也可以利用这种远程控制技术实现教学问题的交流，学生可以不用见到老师，就得到老师手把手的辅导和讲授。学生还可以直接在计算机中进行习题的演算和求解，在此过程中，教师能够轻松看到学生的解题思路和步骤，并加以实时的指导。

4. 远程维护和管理

网络管理员或者普通用户可以通过远程控制技术为远端的计算机安装和配置软件、下载并安装软件、修补程序、配置应用程序和进行系统软件设置。

【预备知识】

"远程协助"是Windows XP系统附带提供的一种简单的远程控制的方法。远程协助的发起者通过MSN Messenger向Messenger中的联系人发出协助要求，在获得对方同意后，即可进行远程协助，远程协助中被协助方的计算机将暂时受协助方（在远程协助程序中被称为专家）的控制，专家可以在被控计算机当中进行系统维护、安装软件、处理计算机中的某些问题、或者向被协助者演示某些操作。在使用"远程协助"进行远程控制实现起来非常简单，但它必须由主控双方协同才能够进行，所以Windows XP专业版中又提供了另一种远程控制方式——"远程桌面"，利用"远程桌面"，你可以在远离办公室的地方通过网络对计算机进行远程控制，即使主机处在无人状况，"远程桌面"仍然可以顺利进行，远程的用户可以通过这种方式使用计算机中的数据、应用程序和网络资源，它也可以让你的同事访问到你的计算机桌面，以便于进行协同工作

Windows XP的远程桌面功能实质上是将终端服务能力提供给终端用户和客户端PC。它允许通过远程方式登录到Windows XP Professional客户端会话当中，这种方式与通过终端服务器客户端软件登录到服务器上的终端服务会话完全相同。然而，这种方式实质又与Windows Server终端服务存在一定区别，它只允许同时建立一条连接。实际上，在任意时刻，只能有一名活动用户在Windows XP Professional工作站上保持交互操作状态。当发起一个针对Windows XP计算机的远程桌面会话时，当前处于登录状态的用户将首先注销，之后，整台计算机将被锁定。

远程协助与远程桌面功能均可通过在"我的电脑"图标上单击鼠标右键，在随后出现的快捷菜单中单击"属性"并选择"远程"选项卡的方式进行配置或加以启用/禁用。实质上，远程桌面背后所隐含的意图是对计算机进行远程管理，而远程协助则用以为其他计算机提供帮助与支持。

要使用远程协助首先得满足一些条件，即双方的计算机都安装了Windows XP操作系统；而为了取得较好的效果，你得有一条快速的网络连接，并且都要有公网IP，如果一方在局域网内部，那么网络的一些设置可能会使得远程协助失败。还有一点，远程协助只能解决一些不是太严重（至少计算机还能上网）的问题，如果问题重大到系统都不能正常启动，那远程协助也就无法使用了。

常见使用"远程协助"的方案主要有以下3种：

（1）通过 Windows Messenger 使用远程协助。

（2）通过保存文件使用远程协助。

（3）通过电子邮件使用远程协助。

假设网络中A和B两个用户，其中A用户的计算机遇到了一些小问题，B用户则通过网络帮助他。进行远程协助步骤如下：

（1）A计算机生成远程协助文件，通过MSN、E-mail或使用远程协助文件等3种方式发送给B计算机。

（2）B计算机收到远程协助文件后双击打开，输入正确的密码来连接A计算机。

（3）A根据提示确认B的连接，远程协助正式开始。

（4）B可以查看A的计算机屏幕，或发送文件给A，A和B之间还可以进行语音通信。

（5）B还可以选择完全控制A计算机，但需A确认。

【项目实施方法与过程】

任务一：Windows XP 远程桌面

远程桌面与远程协助作用和使用方法类似，都是建立两台计算机间的连接，并且可

以直接操纵对方计算机。使用远程桌面功能前，需要先确定本机是否允许远程用户进行访问。"远程桌面"工具在Microsoft Windows XP系统里是自带的，在不同的环境间都可以作为控制方或者被控方来进行操作，计算机之间都可以通过使用远程桌面连接，互相远程访问。一般情况下，把被连接的计算机称作"服务器"，发出访问的计算机称作"终端"。

（1）在进行连接之前，还要检查一下"服务器"的设置，在"我的电脑"图标上单击鼠标右键，选择"属性"，打开如图15.1所示的窗口。

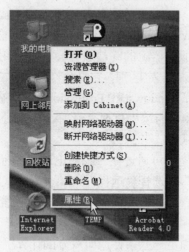

图 15.1　进入被控端主机的设置界面

（2）单击"远程"选项卡中，作为"服务器"的计算机要将"允许用户远程连接到这台计算机"选中。不勾选"允许用户远程连接到此计算机"等于关闭远程连接，如图15.2所示。

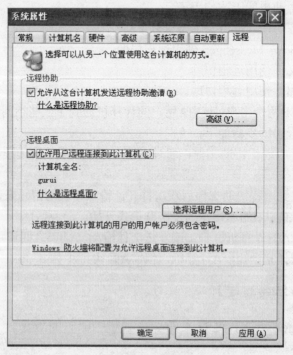

图 15.2　系统属性

216

（3）单击"选择远程用户"按钮，在"远程桌面用户"对话框中，如图15.3所示，单击"添加"按钮，将出现"选择用户"对话框。单击"位置"按钮以指定搜索位置，单击"对象类型"按钮以指定要搜索对象的类型。接下来在"输入对象名称来选择"框中，键入要搜索的对象的名称，并单击"检查名称"按钮，待找到用户名称后，单击"确定"按钮返回到"远程桌面用户"对话框，找到的用户会出现对话框中的用户列表中。默认系统管理员组的成员可以通过远程登录。

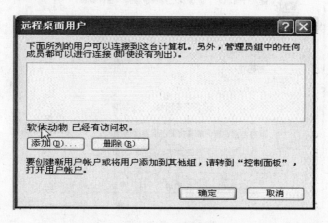

图 15.3　添加用户

（4）在客户的网络环境中开放3389端口，一些企业网络出于安全性考虑 该端口可随时关闭，需要时再开放。然后依次单击"开始"→"所有程序"→"附件"→"通信"→"远程桌面连接"，即可打开"远程桌面连接"向导窗口，如图15.4所示。

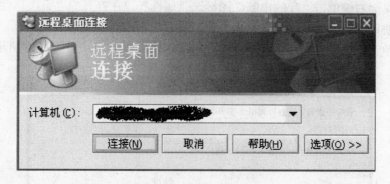

图 15.4　远程桌面连接

（5）单击"选项"打开如图15.5所示的窗口，输入远端计算机IP地址后，输入用户名和密码，单击"连接"，即可进行远程操作，并且可以直接操纵该远程计算机，就像在本地计算机中进行操作一样。

远程桌面的连接中还有很多设置。在"远程桌面连接"窗口"显示"选项卡中，可以修改终端显示的颜色和分辨率，分辨率默认设置为全屏幕。

在"本地资源"中，可以设置服务器的声卡、磁盘、打印机、串口和本地计算机的映射关系。默认的设置可以将终端窗口中的播放声音在本地计算机上播放出来，在终端窗口的"资源管理器"中还可以看到本地计算机的磁盘。

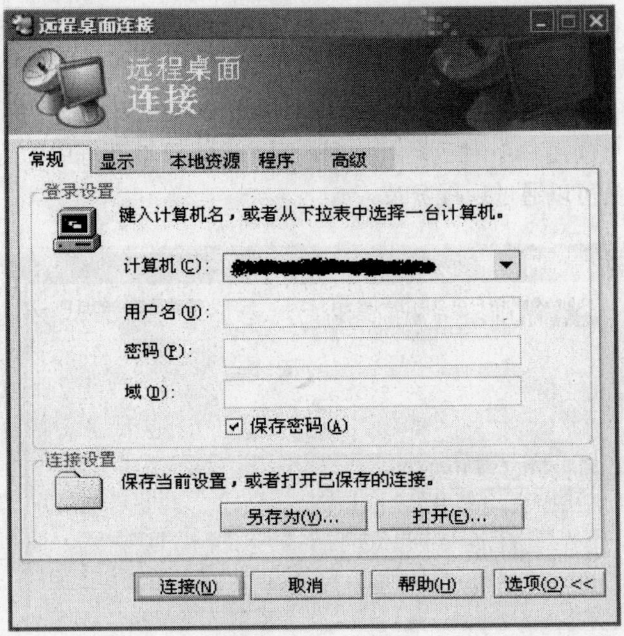

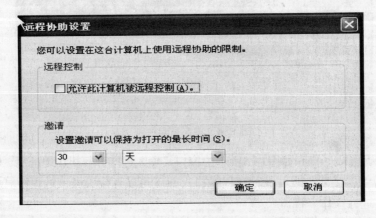

图 15.5　登录设置

任务二：Windows XP 的远程协助

1. 被控端主机设置前的准备

（1）在桌面右键单击"我的电脑"图标选"属性"，在打开的"系统属性"对话框，单击"远程协助"，勾选上"允许从这台计算机发送远程协助邀请"复选框。

（2）再单击"高级"按钮，可以设置使用远程协助的限制，如图 15.6 所示。

图 15.6　高级设置

2. 发送一个远程协助请求。

Windows XP的远程协助功能让用户可以请求协助。当远程的客户需要帮助时，这个软件证明了它显著的实用性。在一名系统管理员可以实施协助之前，终端用户必须向管理员发送一个远程协助请求。

客户应当执行下述步骤，来发送远程协助请求：

（1）单击"开始（Start）"。

（2）单击"帮助与支持（Help and Support）"，如图15.7所示。

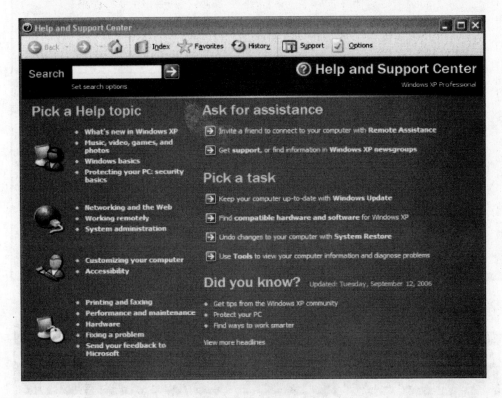

图 15.7　帮助与支持（Help and Support）

（3）选择"邀请您的朋友用远程协助连接您的计算机（Invite a Friend to Connect to Your Computer with Remote Assistance Link）"，位置在"请求帮助"下方。远程协助菜单将出现。

（4）单击"邀请某人帮助您（Invite Someone to Help You）"连接。会出现两个选项；寻求帮助的用户可以通过Windows Messenger发送一个邀请，或者通过Microsoft Outlook发送，如图15.8所示。远程客户也可以建立一封远程协助的电子邮件附件——使用将邀请保存为一个文件（高级），这样可以使用另一个E-mail客户端将请求转发给专业支持人员。

（5）要使用Microsoft Outlook，用户需要在电子邮件地址处输入系统管理员的E-mail；为了方便起见，一个通讯簿的图标将显示出来（用户可以单击该图标并选择对应的E-mail地址）。然后"远程协助——E-mail一个邀请"的菜单会显示。

（6）用户可以在结果中输入他们的名字，并写下一个消息，说明他们需要的帮助；完成后，用户应当单击"继续"按钮。下一个出现的屏幕将让用户指定安全设定，如图15.9所示。

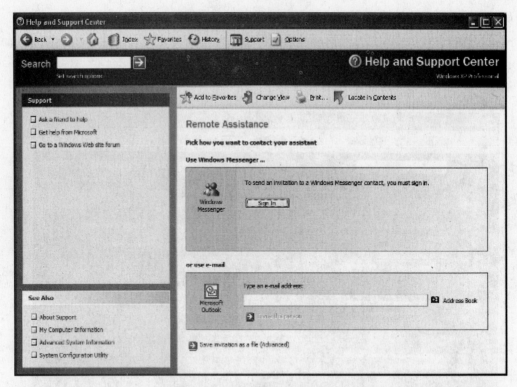

图 15.8　选择远程协助的方式

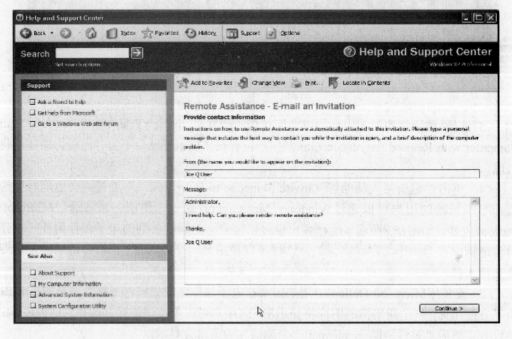

图 15.9　远程用户信息

（7）教导用户设置远程协助邀请在1小时（或更短时间）内失效。同样需要用户设置一个强力的口令。用户应当选中"需要接受时使用口令"，并输入一个复杂的口令（大小写字符以及特殊字符混合而成）。一旦一个口令被输入并被确认，用户可以单击"发送（Send）"按钮来转发远程协助请求给系统管理员或支持人员，如图15.10所示。

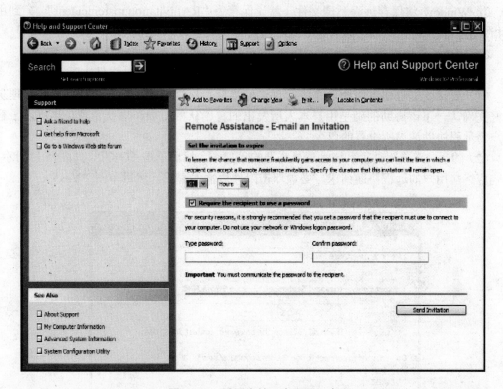

图 15.10   设置失效口令和强口令

（8）在发送请求时，用户往往随后会收到一个微软Office Outlook的消息，告知一个程序正试图访问Outlook中的E-mail地址簿。教导用户选择"允许"框（可以访问地址簿1min）并单击"Yes"按钮。

（9）对话框然后会提示一个程序正试图自动发送E-mail。教导客户单击"Yes"（仅在发送远程协助请求时）。一个确认消息会显示，提示该请求被成功发送。当等待回复时，客户可以单击"查看邀请状态（在"帮助和支持中心"内），并回顾邀请的状态和细节。用户可以取消，重发或删除一个邀请。

系统管理员会收到一个E-mail消息。在该E-mail中有一个附件（RcBuddy.MsRcIncident），客户也可以将远程协助邀请保存为一个文件（可以以后再使用另一个E-mail软件转发）。要将邀请保存为一个文件：

① 最终用户应当在远程协助菜单中单击"保存邀请为一个文件（高级）"（Save Invitation as a File（Advanced）），而不是输入一个Microsoft Outlook电子邮件地址或使用Windows Messenger。

② 然后，客户应当输入他（她）的名字，并设置邀请的失效时限，然后单击"继续（Continue）"。

③ 客户应当设定一个强力口令，并单击"保存邀请（Save Invitation）"，保存窗口会出现。

④ 要求协助的客户应当指定一个远程邀请文件的保存位置，然后单击"保存（Save）"。

⑤ Windows将保存远程邀请文件（默认保存为"RAInvitation.msrcincident"）到用户指定的位置；客户然后可以转发它给系统管理员或者技术支持人员。

3．接受远程协助邀请

一旦收到一个远程协助邀请，系统管理员可以执行下述步骤以提供协助：

（1）要接受远程协助邀请，系统管理员应当双击附件。在这么做之前，系统管理员最好先确认一下该协助的确是用户本人所发出的。确认的时候，系统管理员也可以了解客户为远程协助请求所设置的口令。

（2）随后，双击附件，系统管理员需要输入口令，然后单击"OK"，如图15.11所示。要响应终端用户的远程协助请求，必须双击附件后输入密码，然后单击"Yes"。

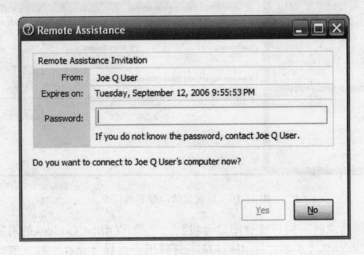

图 15.11　输入密码

（3）客户会收到一个对话框，表明系统管理员打算连接用户的桌面。客户必须单击"Yes"以允许连接，如图15.12所示。一旦技术支持对远程协助的邀请做出响应，远程用户将收到一个对话框。该用户必须单击"Yes"以启动远程连接。

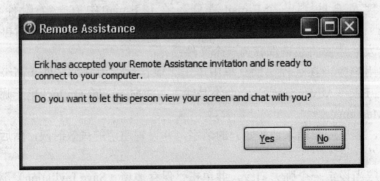

图 15.12　启动远程连接

（4）如果系统管理员打算控制用户的系统，他可以单击在远程协助窗口顶部的"获取控制（Take Control）"图标，如图15.13所示。

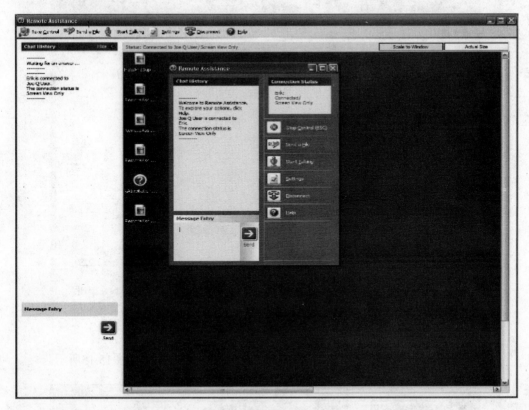

图 15.13　取得控制对话框

（5）一旦系统管理员或技术支持单击了"获取控制（Take Control）"，终端用户将看到一个对话框，注明用户接受帮助，乐于接受控制以解决问题。用户必须单击"Yes"以允许技术支持进行活动。当远程用户单击了"Yes"，提供帮助的人员将收到一个确认信息，表明他现在已经可以全面控制用户的桌面。要放弃控制，系统管理员只要按下"ESC"键即可。用户也可以随时通过按下"ESC"键来中断系统管理员的控制（或者直接在远程协助菜单中单击"中断"按钮）。拥有观看和实际控制远程用户桌面的能力，彻底简化了问题排除和修复的操作过程。终端用户必须要做的只是向系统管理员发送一个远程协助请求。系统管理员或技术支持人员只需要连上远程系统，并执行诊断和修复操作。用户和技术支持人员可以在提供的窗口中使用文字进行聊天，交换信息。

任务三：通过 QQ 建立远程协助

现在，腾讯的QQ除了具备聊天功能之外，还新开发了许多的方便实用的功能，QQ的远程协助就是其中一项。下面来看看如何使用这个功能，让远程协助变得更轻松。

（1）要使用远程协助功能，首先打开与好友聊天的对话框，将鼠标指向应用菜单，就可以找到"远程协助"选项了，如图15.14所示。

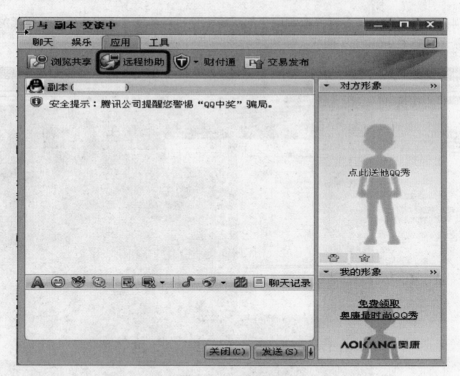

图 15.14　远程协助

（2）单击"远程协助"命令，QQ就会向对方提出一个申请，如图15.15所示。

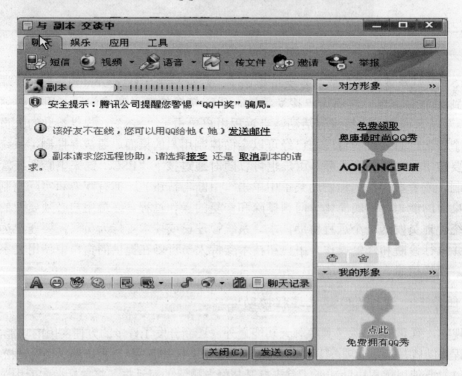

图 15.15　申请界面

（3）紧接着接受对方请求，但此时还不能进行远程协助，申请方出现一个对方已同意你的远程协助请求，"接受"或"谢绝"的提示的对话框，只有申请方单击"接受"之后，远程协助申请才正式完成，如图15.16所示。

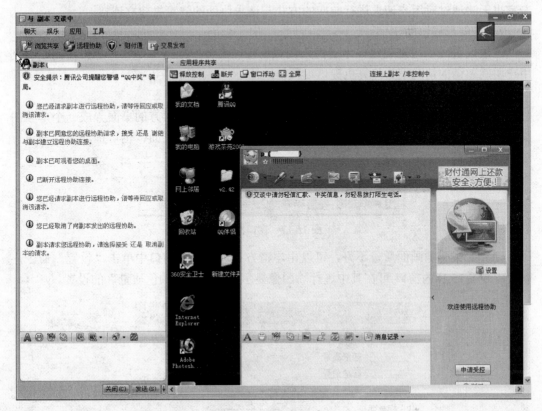

图 15.16　远程协助窗口

（4）成功建立连接后，在非申请方就会出现对方的桌面了，并且是实时刷新的，右边的窗口就是申请方的桌面了，这时他的每一步动作都尽收眼底。不过现在还不能直接控制对方计算机，只能看。要想控制对方计算机还得由申请方单击如图15.16中的"申请控制"，在双方再次单击接受之后，才能开始控制对方的计算机。

【总结与深化】

1. Windows XP 的远程协助策略

1）请求远程协助

请求远程协助适用于某个用户请求其他用户（通常情况下为IT部门或技术专家）为其提供协助的情况。当此项设置被启用时，用户可以发出帮助请求，而技术专家则可与需要帮助的计算机建立连接。当技术专家尝试建立连接时，用户仍有机会接受或拒绝连接请求（或仅为技术专家提供针对桌面系统的查看权限），此后，如果远程控制功能已被启用，用户必须通过单击按钮的方式明确为技术专家赋予远程控制能力。针对此项设置的其他配置选项包括：允许对这台计算机实施远程控制（选择连接方能够对计算机进行远程控制还是仅仅能够对用户桌面系统进行查看）；最大票证有效时间（两种用以对用户帮助请求最大有效时间进行控制的设置选项）。当票证过期后，为使计算机能够使用远程协助功能，用户必须重新发送一份请求。缺省票证有效时间为30天。

需要注意的是，当请求远程协助被禁用时，用户将无法发送协助请求，同时，技术专家也无法通过对用户请求进行响应的方式与请求协助的计算机建立连接。

2）提供远程协助

这项设置可以用来确定技术支持人员或IT管理人员（如技术专家）能否在尚未收到用户明确邀请的情况下为计算机提供远程协助。

2. QQ远程协助中的一些设置

（1）在接受申请端可以单击"窗口浮动"，这样就会把对方的桌面弄成一个单独的窗口。浮动窗口可以最大化，就能尽可能地看到对方的全部桌面，也可拖动滚动条进行观看，如图15.17所示。

图 15.17　窗口浮动

（2）如果感觉画面质量不好，可以由申请方在远程协助窗口中单击"设置"命令，就会出现图15.18的窗口,可在其中进行"图像显示质量"和"颜色质量"的设置。

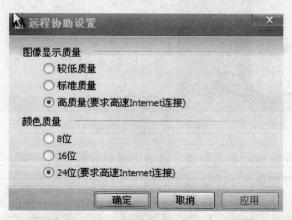

图 15.18　设置

（3）如果打字太累，还可以进行"视频聊天"或者"音频聊天"，如图15.19所示。

图 15.19　工具窗口

【实践与体会】

1．简述远程协助的工作原理。

2．简述XP远程协助的主要步骤。

3．若远程协助连接不成功，那么可能的原因有哪些？

参 考 文 献

[1] 王志梅，陈国浪，林海平，等．网络实用技术基础．北京：国防工业出版社，2006．

[2] 张波，孟祥瑞．网上支付与电子银行．上海：华东理工大学出版社，2007．

[3] 华信卓越．网上冲浪．北京：电子工业出版社，2008．

[4] 周峰，张丽娜．电脑上网基础与实例教程．北京：电子工业出版社，2007．

[5] 甘登岱，朱晓亮．电脑上网技巧现用现查．北京：航空工业出版社，2009．

[6] 神龙工作室．新编外行学上网从入门到精通．北京：人民邮电出版社，2008．

[7] 苗娟．我国电子商务环境下的网上支付方式研究．中国市场，2008（6）．

[8] 鲍富元．中国旅游在线预订市场现状及对策．电子商务，2009（8）．

[9] 拍拍学堂．http://help.paipai.com/．

[10] 旅游行业圈．http://travel.yidaba.com/．

[11] 新竞争力网络营销管理顾问．http://www.jingzhengli.cn/．

[12] 百度百科．http://baike.baidu.com/．